啤酒十问

主　编　郭营新　周茂辉　周世水

华南理工大学出版社
SOUTH CHINA UNIVERSITY OF TECHNOLOGY PRESS
·广州·

图书在版编目（CIP）数据

啤酒十问/郭营新，周茂辉，周世水主编. —广州：华南理工大学出版社，2015. 1
ISBN 978-7-5623-4478-0

Ⅰ. ①啤…　Ⅱ. ①郭… ②周… ③周…　Ⅲ. ①啤酒 – 问题解答
Ⅳ. ①TS262. 5 – 44

中国版本图书馆 CIP 数据核字（2014）第 278717 号

啤酒十问
郭营新　周茂辉　周世水　主编

出 版 人：韩中伟
出版发行：华南理工大学出版社
（广州五山华南理工大学 17 号楼，邮编 510640）
http://www.scutpress.com.cn　　E-mail:scutc13@scut.edu.cn
营销部电话：020 – 87113487　87111048（传真）
责任编辑：黄冰莹
印 刷 者：广州市千彩纸品印刷有限公司
开　　本：787mm × 960mm　1/16　**印张**：6. 75　**字数**：97 千
版　　次：2015 年 1 月第 1 版　2015 年 1 月第 1 次印刷
定　　价：29. 80 元

编 委 会

主　编　郭营新　周茂辉　周世水

编　委　方贵权　梁晓聪　李延东　孙文亮

　　　　林英才　谭应生　余显忠

前　言

酿酒是人类有史以来最为古老的产业之一，啤酒源远流长，它的历史可以追溯到5000多年以前。随着时间的推移、科技的进步和贸易的发展，目前全球172个国家和地区有啤酒的生产，超过190个国家和地区有啤酒的消费，啤酒在世界各个角落几乎无处不在。由于啤酒有很高的营养价值，又对人体有多种保健功能，有益身心健康，还有它清爽美味的特质，使啤酒成为备受人们推崇的时尚饮品，成为长盛不衰的国际饮料。

我国啤酒业仅有一百多年的历史，时间不算长。它的成长与发展，要归功于改革开放的成果，使它自2002年以来连续12年成为世界第一的啤酒产销大国，享誉全球。然而，由于长期以来啤酒文化的缺失，人们对它的了解和认识还是不多，甚至还对它存在误解与误传，“啤酒肚”就是其中的一个误解。这些误解令人们对啤酒产生某些不必要的疑虑，也在某种程度上制约了啤酒产业的发展。为弘扬啤酒文化，推进我国啤酒业的稳健发展，提升国人的健康水平，我们编写了《啤酒十问》。本书对于啤酒为何物，它是用什么原材料和怎样酿制出来的，有哪些种类，如何选择和享用啤酒，喝啤酒要注意什么问题，以及备受人们关注的啤酒营养价值和它的保健功能，还有啤酒的历史文化和发展前景，等等，在书中都有较为详尽的论述，对有关问题作出一一的解答，以此增进人们对啤酒的认知与感悟，使啤酒成为家喻户晓的天然饮品，让绚丽多彩的啤酒文化发扬光大。但愿：“祖国大地处处啤酒飘香，碰杯声中增进友谊与健康”。

本书的出版发行，得到广州珠江啤酒集团有限公司、肇庆蓝带啤酒有限公司、深圳市青岛啤酒朝日有限公司、广州麦芽有限公司、美国雅基玛联合酒花有限公司、桂林市艺宇印刷包装有限公司和佛山瀛辉包装机械设备有限公司等大力的支持与协助，谨此致以深切的谢意！

鉴于时间仓促和作者的水平所限，书中错漏之处，在所难免，诚望业界人士和广大读者不吝赐教，给以批评指正，以便再版时更正与补充，不尽感激。

编　者

2014 年 6 月

目　录

一、啤酒是什么原料酿造出来的

啤酒的酿造原料（图 1－1）是：水、麦芽、酒花、酵母；食品营养安全的最高标准是：安全、营养、天然；食品饮料最简单的判别办法是：包装标签上的原料与辅料组成；食品饮料的营养安全决定因素：原料、辅料和生产过程。

图 1－1　啤酒及其原料（大麦、酒花与酵母干粉、酵母干饼）

人们对食品饮料的追求是：原料营养安全、生产过程卫生安全、辅料越少越好，特别是防腐剂、色素、香精、香料、增稠剂等辅料尽量少用。

对于啤酒而言，啤酒原料只有水、麦芽、酒花，或水、麦芽、大米（玉米或糖浆）、酒花。啤酒生产过程没有添加任何防腐剂、色素、香精香料、增稠剂等添加剂。由此可看出，啤酒是安全、营养、天然的食品，因为水、麦芽、酒花都是天然营养的一类食品。

1. 水

水是生命之源，水对人体健康非常重要，人体内的水分约占体重的 70%，这是人所共知的（图 1－2）。市面上有五花八门的水，大体分类为蒸馏水、天然水（自来水）、矿泉水、含汽水等。其他的所谓小分子水、磁化水、碱性水等只是所谓的概念炒作，无论如何也只是水。

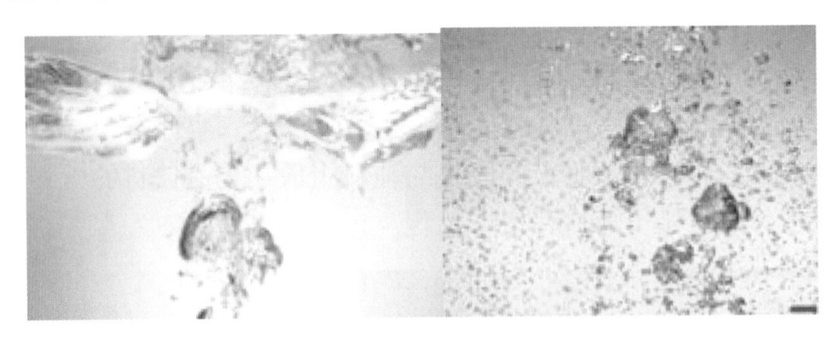

图 1－2　水的多姿示意图

每个人都会饮水，那么喝哪种水最好，或者说喝哪种水对健康最有益？

（1）最好的饮水：家庭的自来水（白开水）或商品的天然水。

（2）蒸馏水或纯净水太纯净，里面没有任何人体生命活动必需的矿物元素或有益成分。

（3）矿泉水虽好，但是不能过多饮用。因为矿泉水是指含有特定矿物元素且达到一定浓度含量的水（必须由国家认定），它适合需要该特定矿物元素的人群，如正常摄入该特定矿物元素不足的人群或需要量偏高的人群；而正常人群长期大量饮用矿泉水未必是好事。人体需要的物质（特别是需要量少的特定矿物元素）适量最好，过多过少都对身体健康无好处。例如，人体都需要补钙，因为缺钙会增加中老年人患骨质疏松的概率、影响儿童骨骼发育，但是补钙不要进入“多多益善”的误区。过多补钙会导致血液中钙浓度偏高，反而会增加结石风险，更不能补钙时图省事而一次摄入过多的钙片。

啤酒酿造用水属于天然水，即人体可以长期大量饮用的水，而且啤酒酿造用水还要经过多重处理后，才能满足啤酒酿造的要求。因为啤酒酿造用水不仅影响着酵母生长繁殖与酿造过程，还决定啤酒的风味、稳定性和品质，而且必须符合国家标准 GB 5749—2006《生活饮用水卫生标准》，即感官性状和一般化学指标、毒理学指标、放射性指标等都要符合标准要求。啤酒酿造要求水透明、无沉淀、无色、无味、pH 6.8 ~ 7.2、总溶解盐类 150 ~ 200mg/L、细菌总数 <100 个/mL，总大肠菌群 <3 个/L，不得有八叠球菌。

目前企业对啤酒用水的要求更高，甚至高于商品的天然水，这就是为什么有“好水酿好酒”的说法。我国大中型啤酒企业酿造用水的改良和处理是采用离子交换法或膜超滤法，如用离子交换剂去除水中溶解的有害离子、反渗透法去除水中多余离子。

啤酒酿造用水的传统处理过程为：过滤—→吸附—→软化—→除盐—→消毒灭菌。现代水处理更多采用效果更好、效率更高的膜处理过程，图 1 -3 所示为啤酒厂自动化水处理车间。

图 1 -3　啤酒厂自动化水处理车间

2. 麦芽

图 1 -4　烘干的麦芽

麦芽（图 1 -4）是大麦经发芽后干燥制成的。麦芽来源于大麦，而大麦与大米、小麦、玉米是人类种植的前四大谷物，天然营养。麦芽因为含有多种酶系而具有助消化作用，在民间常用于小儿消滞。可见，麦芽不仅安全天然，还有营养保健功效。

大麦营养价值高、产量高、易种植、需求多且种植遍及全球，是排在小麦、水稻、玉米之后的第四大谷物产品，一直用作人类食物，图1－5所示是成熟的大麦与未成熟的青大麦。

图1－5　成熟的大麦与未成熟的青大麦

大麦外包谷皮有利于发芽且麦芽酶系统全面，包括淀粉酶、糖化酶、蛋白水解酶、核酸水解酶等，这导致水解出的麦芽汁易于酿造成啤酒，而且具有大麦的独特风味。根据大麦籽粒生长形态，啤酒酿造常用二棱大麦，二棱大麦具有颗粒饱满、内容物含量多、麦皮较少、浸出率高、溶解度较好的特点，如图1－6所示。

图1－6　二棱大麦示意图

（1）酿造啤酒用二棱大麦的要求

感官要求：①外观淡黄色或黄色，稍有光泽，无病斑粒；②气味应无霉味和其他异味。

理化要求：①蛋白质（干计）≥9%～13.5%，水分≤12%～13%；②千粒重≥32g～38g；③饱满度（腹径≥2.5mm）≥70%～85%；④三天发芽率≥85%～95%，五天发芽率≥90%～97%。

（2）麦芽生产工艺流程

麦芽生产工艺流程如图1－7所示。

杂质（↑ 精选）　Ⅲ号次麦供饲料用（↑ 分级）

原料大麦→预清选→立仓→精选→杂谷分离→分级→Ⅱ号和Ⅰ号大麦

→生产大麦→浸麦→发芽→干燥→干麦芽暂贮→除麦根→除根暂贮

→麦芽立仓→麦芽精选→成品麦芽

图1－7　麦芽生产工艺流程图

目前麦芽生产已经实现自动化大规模生产，其中广州麦芽公司引进德国成套麦芽塔式自动化麦芽生产线，生产周期7天，一次能够处理500吨大麦，生产能力为年产30万吨麦芽，是亚洲最大的麦芽生产厂。目前，该厂正在实施扩建，在原有基础上新增15万吨麦芽产量，最终达到年产45万吨规模，建成投产后将是全世界最大的麦芽生产企业。图1－8所

图1－8　广州麦芽公司的塔式自动化麦芽生产线

示为广州麦芽公司的塔式自动化麦芽生产线。

大麦发芽成绿麦芽，经干燥来终止其生命活动，以稳定麦芽性能和贮存，并形成色泽和香味物质。随着干燥温度的升高，麦芽香味越浓、色泽越深，得到从浅色麦芽（普通淡色啤酒用）、深色麦芽到焦香麦芽（黑啤酒用）。图 1 －9 所示为广州麦芽公司的浅色麦芽；图 1 －10 所示为焦香麦芽。

图 1 －9　广州麦芽公司的浅色麦芽

图 1 －10　焦香麦芽

3. 啤酒花

啤酒花简称酒花（Hop）（图 1 －11），是雌性酒花植物的花朵经收集、干燥而成，是一种可食用的天然营养保健产品。酒花中含有的黄腐酚具有防治肿瘤之功效，自然界中只有酒花含黄腐酚。酒花可制成颗粒酒花、酒花浸膏、酒花精油等酒花产品（图 1 －12）。

图 1 －11　新鲜酒花

图 1 －12　成品酒花颗粒、酒花浸膏

啤酒花是大麻科葎草属多年生蔓性草本植物，其地上茎每年更替一次，茎长可达 10 米，根深入土壤 1 ~ 3 米，可存活 20 ~ 30 年。图 1 – 13 所示为酒花种植园。

图 1 – 13　酒花种植园

啤酒花一般分为香型酒花和苦型酒花，这是形成啤酒香味的主要物质，如苦味和香味。常用酒花会加工成颗粒酒花，也可提取酒花浸膏及酒花油。图 1 – 14 所示为美国雅基玛联合酒花公司的生产加工厂现场。

图 1 – 14　美国雅基玛联合酒花公司的生产加工厂

(1) 颗粒酒花。即啤酒花经压缩、粉碎、筛分、混合、压粒、包装后制得的颗粒产品，如颗粒啤酒花 90 型、浓缩型的颗粒啤酒花 45 型。

(2) 酒花浸膏。酒花浸膏是压缩酒花或颗粒啤酒花经二氧化碳萃取制成的浸膏。如液态 CO_2 萃取 (7℃, 4.0MPa) 或超临界 CO_2 萃取 (500℃, 31.5MPa)。酒花浸膏的利用率高、性能稳定、容易保存，但需与酒花粉、颗粒酒花等配合使用，酿造啤酒才更正宗。

(3) 酒花油。酒花油是酒花腺体的重要成分，是经蒸馏后制成的黄绿色油状物，包括碳氢化合物和含氧化合物。酒花油的成分易挥发，是啤酒闻香时清淡纯正香气的主要成分。

4. 啤酒酵母

啤酒是一种微生物发酵产品，这必然涉及酿造微生物——啤酒酵母，啤酒酵母是酿酒酵母的一种，是人们从古至今一直使用的一种微生物，例如葡萄酒、黄酒、馒头等发酵时都在使用。啤酒酵母在显微镜下放大 400 倍如图 1－15 所示。

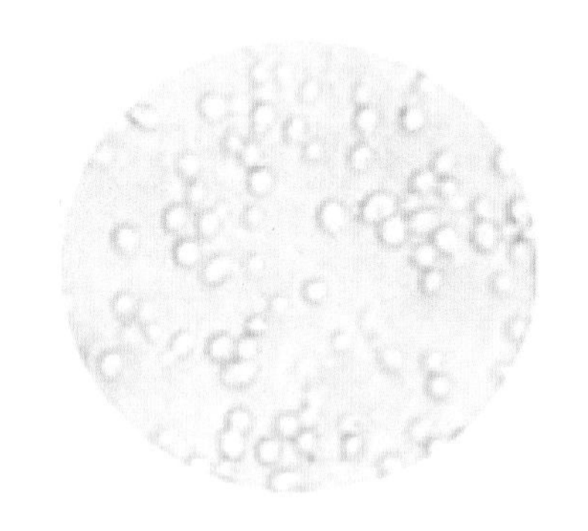

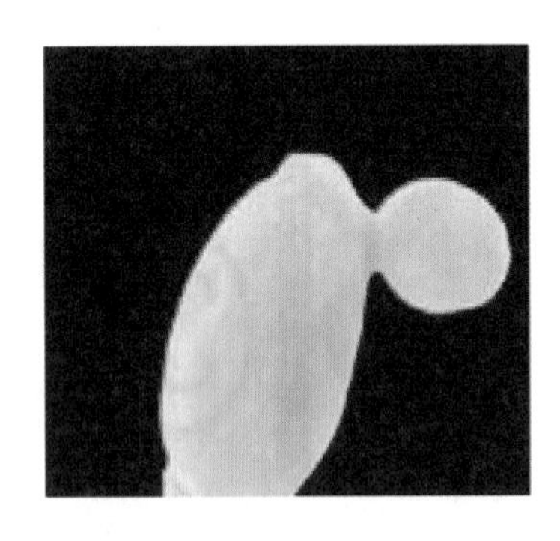

图 1－15　啤酒酵母放大 400 倍图、酵母示意图

啤酒酵母是啤酒生产的灵魂，它决定着啤酒发酵过程和啤酒品质。在厌氧情况下，酵母将葡萄糖发酵分解成乙醇和二氧化碳，最

终得到啤酒，即酵母发酵代谢的产物，并能赋予啤酒良好风味——发酵味，这是真正的啤酒味道。

总之，啤酒是安全营养食品，首先是酿造用的原料——水、麦芽、酒花都是天然、营养、安全健康的，其次是酿造用的啤酒酵母为人类一直使用的微生物，可直接食用，且发酵会增加 B 族维生素，更增加啤酒的营养保健功能。

二、啤酒的生产工艺是怎样的

啤酒的生产工艺就是啤酒酵母将麦芽汁中的糖发酵成乙醇的过程；是在严格控制杂菌条件下的纯种发酵；是食品饮料行业自动化程度最高的行业；是不添加任何添加剂的生产过程，即不含任何防腐剂、色素、香精香料等。

消费者要知道食品安全就必须了解食品的生产过程，而啤酒生产过程可分为麦芽汁制备（糖化）、啤酒发酵（乙醇）、啤酒罐装等三步。啤酒是饮料生产过程中最复杂的，消费者就更需要看看本书的第二问，了解啤酒是怎么安全卫生地生产出来的。

1. 麦芽汁制备

由于酵母只能发酵葡萄糖、果糖等还原性糖，所以首先要利用麦芽自身的淀粉糖化酶将麦芽淀粉水解成糖，才能进一步发酵成乙醇。

麦芽汁（简称麦汁）制备是将麦芽、辅料、酒花和水加工成澄清透明的麦芽汁过程，包括麦芽粉碎、糖化、麦汁过滤、麦汁煮沸、麦汁冷却与澄清。啤酒厂通常把这一生产过程的车间称为糖化车间。图2－1所示为珠江纯生啤酒生产主要工艺流程图。

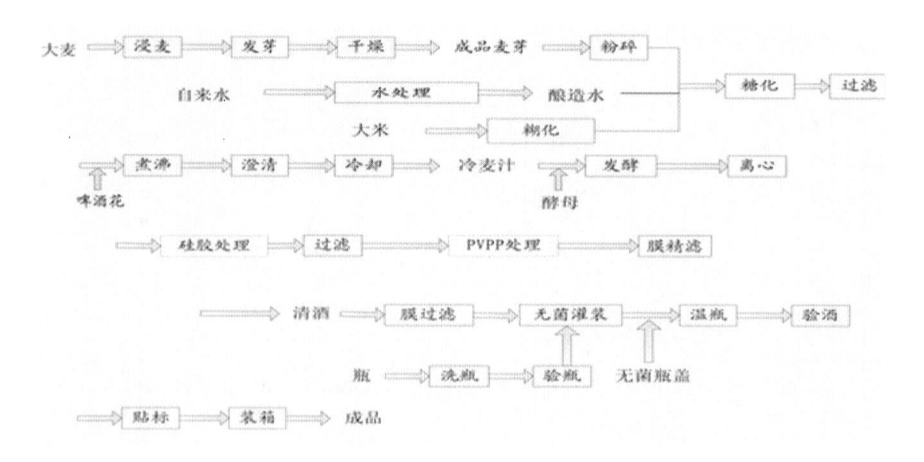

图2－1　珠江纯生啤酒生产工艺流程图

（1）糖化

麦芽粉中大多数物质是非水溶性的，利用麦芽中各种水解酶和热力的作用，将麦芽和辅料中高分子物质分解成可溶性的低分子物质，通过糖化过程将淀粉、蛋白质等不溶性大分子物质转变为水溶性小分子物质才能进入啤酒中。

（2）糖化时的物质变化

淀粉分解成糖需经糊化、液化、糖化三个过程：①糊化，是指淀粉颗粒在热的水溶液中膨胀、破裂，易被淀粉酶分解；②液化，是通过 α－淀粉酶的作用，降低糊化淀粉液的粘度；③糖化，是通过淀粉酶将已液化淀粉分解成麦芽糖和糊精；④“碘检”，即用碘液判断糖化程度，当碘液遇淀粉或中、高分子糊精时呈蓝色至红色，而糖、低分子糊精则遇碘液不变色。淀粉分解物中的葡萄糖、麦芽糖及其他双糖、麦芽三糖能被酵母发酵，糊精等则不能被发酵。

（3）糖化工艺

糖化工艺方法有煮出糖化法和浸出糖化法。糖化温度在 35 ～ 40℃ 为浸渍阶段，45 ～ 55℃ 为蛋白质分解阶段，62 ～ 70℃ 为糖化阶段，75 ～ 78℃ 为糊精化阶段。整个浸出糖化需要 3 小时。

（4）麦汁过滤

麦汁过滤就是糖化分解后的麦芽、辅料成分被萃取到水溶液中，称为“麦汁”，非水溶性的物质叫“麦糟”。将麦汁过滤出来的方法有过滤槽法、压滤机法（板框式、袋式、膜压式）、快速渗出槽法三大类。其中，全自动化的膜式压滤机具有高效、高收得率的特点。图 2－2 所示为啤酒麦汁压滤机。

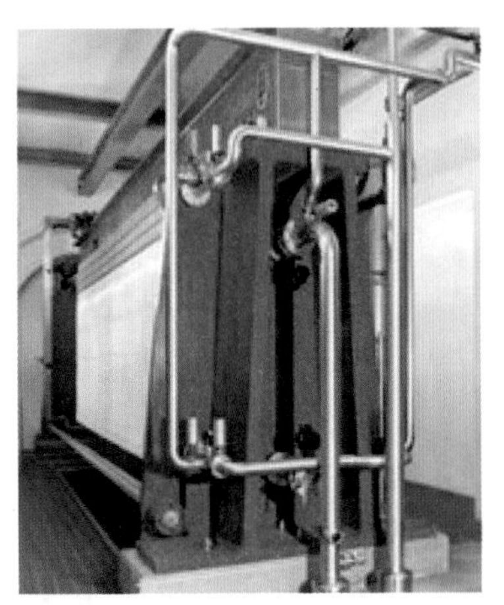

图 2－2　啤酒麦汁压滤机

（5）麦汁煮沸和酒花添加

麦汁煮沸的目的为浓缩麦汁、钝化酶、杀菌、蛋白质变性与絮凝沉淀，以及酒花有效成分的浸出。目前，大型啤酒企业采用带能源储存的低压煮沸系统，可有效节能降耗。煮沸步骤为：进料→加水→煮沸→加酒花→排液→喷淋冲洗。煮沸时间为 60 ~ 100 分钟。

添加酒花可赋予啤酒爽快的苦味、特有的香味，并提高啤酒的非生物稳定性。传统麦汁多采用分次添加法，目的是为了萃取酒花不同量的组分。添加量因酒花质量、消费者习惯及啤酒品种而异。

（6）麦汁处理——分离沉淀

经煮沸和添加酒花的热麦汁，需要分离出麦汁中的热凝固物和冷凝固物，以防止啤酒浑浊。热凝固物一般采用回旋沉淀槽法分离，用薄板冷却器将热麦汁迅速冷却到 5 ~ 7℃，一般再用离心分离法分离麦汁冷凝固物。

最后要对澄清冷麦汁进行充氧，以便更好地繁殖酵母。

完成上述工艺需要糖化设备——三锅两槽，即糊化锅、糖化锅、煮沸锅、过滤槽和回旋沉淀槽，如图 2－3 所示。

图 2－3　糖化车间设备——三锅两槽

2. 啤酒发酵

冷麦汁接种啤酒酵母后，发酵即开始。啤酒发酵是在啤酒酵母体内一系列酶类催化可发酵性营养物质的反应，如生成乙醇、CO_2、高级醇、挥发性酯类、连二酮类、醛类、酸类和含硫化合物等产物。

啤酒发酵分为主发酵和后发酵（又称后熟）两个阶段。在主发酵阶段，通过酵母适当繁殖来分解可发酵性糖，生成代谢产物——乙醇和高级醇、醛类、双乙酰等副产物。后熟阶段主要进行双乙酰的还原，使酒成熟、完成残糖的继续发酵和 CO_2 的饱和，使啤酒口感清爽。

（1）发酵糖类生成乙醇

啤酒酵母依次将麦汁中的葡萄糖、果糖、蔗糖、麦芽糖、麦芽三糖转化为乙醇，理论上每 100g 葡萄糖可发酵生成 51.14g 乙醇。实际上只有 96% 的糖能发酵成乙醇，而其他用于合成新细胞和啤酒风味物质。

（2）含氮物质的转化

麦汁中含有酵母生长繁殖需要的氨基酸、短肽、嘌呤、嘧啶等含氮物质。发酵过程含氮物质下降约 1/3，主要是小分子氮（α-氨基氮）部分被酵母同化成细胞物质，少量蛋白质被酵母细胞吸附，部分蛋白质因 pH 值和温度的下降而沉淀。

（3）代谢副产物

酵母利用麦汁发酵期间会生成少量代谢副产物，如高级醇、挥发性酯、连二酮、有机酸、醛和含硫化合物等。这对啤酒成熟和风味有很大影响。

①高级醇，啤酒发酵代谢的主要副产物，其中异戊醇、β-苯乙醇是啤酒香味的主要成分之一，过高含量会使啤酒有异味和饮后“上头”。

②挥发性酯，如乙酸乙酯、乙酸异戊酯、己酸乙酯和乙酸苯乙

酯等能增添啤酒的酯味或酒香味，使酒体丰满协调，过高浓度则形成不愉快的香味。

③连二酮，是双乙酰和2，3－戊二酮的合称，对啤酒风味影响很大，国标GB 4927—2008《啤酒》中规定双乙酰含量，淡色啤酒在0.15mg/L以下。

④有机酸类，有不挥发酸、低挥发酸和挥发酸等100种酸。啤酒中的酸及其盐类决定了啤酒pH值和总酸，适量的酸赋予啤酒柔和、清爽口感。GB 4927—2008《啤酒》规定淡色啤酒在10.0°P以下，总酸≤2.2mL/100mL；10.1°P～14.0°P，总酸≤2.6mL/100mL。缺少酸类，啤酒口感呆滞、粘稠、不爽口；过量的酸会使啤酒口感粗糙、不柔和、不协调。

⑤醛类，有乙醛、丙醛、异丁醛、异戊醛、糠醛等50多种，其中乙醛含量最多、对啤酒风味影响最大。成熟啤酒乙醛含量小于10mg/L，超过时啤酒有不成熟口感和苦味感，超倍时有强烈刺激性辛辣感。

⑥含硫化合物，有挥发性和非挥发性两类，啤酒中多数挥发性含硫化合物是低阈值的强风味物质，对啤酒风味影响很大。影响比较大的含硫化合物有二甲基硫（DMS）、SO_2、H_2S。正常含量的DMS是构成啤酒风味的特色组成部分，含DMS过量有令人不快的腐烂蔬菜味道。

3. 发酵工艺

（1）下面发酵工艺

下面发酵工艺特点是：采用下面发酵酵母、主发酵温度低、发酵较缓慢、副产物较少，主发酵后大部分酵母沉降到底部，啤酒的后发酵、贮酒期和保存期较长，酒液澄清良好，CO_2饱和稳定，泡沫细腻，风味柔和。

①主发酵工艺操作。接种：麦汁添加酵母→麦汁通氧→添加酵母；主酵操作：起发期→低泡期→高泡期→落泡期→泡盖形

成期。

②后发酵和贮酒。麦汁经主发酵后的发酵液叫嫩啤酒，此时酒的 CO_2 含量不足，双乙酰、乙醛、硫化氢等挥发性物质没有降低到合理的程度，酒液口感不成熟，不适合饮用。一般还需要几个星期的后发酵和贮酒期，将大量尚未沉淀下来的悬浮酵母和絮凝物沉淀下来，澄清酒液。后发酵的目的就是使剩余糖类继续发酵，促进啤酒风味成熟和澄清，增加 CO_2 的溶解。然后是下酒和保压。

（2）上面发酵

上面发酵是采用上面发酵酵母，在 15 ～ 20℃发酵，酵母起发快，细胞形成量较多，酵母代数远超过下面发酵酵母，长久没有衰退现象。

上面发酵啤酒成熟快，设备周转快，风味独特，但保质期短。一般不采用后发酵，而是通过加胶澄清后，充二氧化碳来达到饱和。

4. 啤酒的过滤与稳定性

（1）啤酒过滤

啤酒过滤就是通过介质去除酒液中的酵母及悬浮微粒，使酒液变得清亮透明，既达到一定非生物稳定性，又最大限度地保留已经形成啤酒风味的稳定性、延长保存期。过滤要求：①感观清亮透明，有光泽，无悬浮物、沉淀物，具有酒花或麦芽香气，无异杂味；②理化指标应不变，例如原麦汁浓度、CO_2 和溶解氧含量、酒精度、发酵度及双乙酰含量等。

（2）啤酒的稳定性处理

啤酒稳定性是指啤酒本身具有的保鲜、保质的能力，它又分为生物稳定性、胶体稳定性和风味稳定性，三者共同决定啤酒的质量。

如何提高啤酒稳定性、延长保鲜期，成为啤酒生产亟需解决的问题。啤酒丧失原有澄清透明，变得失光、浑浊及有沉淀，称为

“外观稳定性的破坏”；啤酒丧失原有风味、风味恶化，称为“风味稳定性破坏”。

①啤酒的生物稳定性。

啤酒的生物稳定性是指微生物污染产生浑浊沉淀现象的可能性。啤酒生产的许多环节都可能受有害菌污染，导致啤酒风味和稳定性劣化、酒液变浑浊等。啤酒中常见污染菌有霉菌、细菌（乳酸菌、足球菌、醋酸菌）、野生酵母等，这些主要是从空气、原料、水、酵母、设备、管路及工人作业等带来的。因此，需要从发酵、包装和包装后的杀菌来防治啤酒中的有害菌，这需要严格良好的生产卫生环境。

②啤酒的胶体稳定性。

啤酒的胶体稳定性又称非生物稳定性，即不是由于微生物污染而产生浑浊沉淀现象的可能性。当外界条件发生变化时，啤酒中的一些胶体粒子（高分子蛋白质、多酚物质）便聚合成较大粒子而析出，形成浑浊性沉淀，影响了产品的外观质量。因此，提高啤酒非生物稳定性的工艺途径要从原料、pH 值、糖化、过滤、煮沸、发酵等方面进行控制。

③啤酒的风味稳定性。

啤酒生产从制麦到发酵过程中，形成了大量风味物质，如醇类、酯类、羰基化合物、有机酸、硫化物等，给予了啤酒一定的风味。

啤酒风味稳定期是指啤酒能保持啤酒新鲜、完美、纯正、柔和的风味而没有因氧化而出现的老化味的时间。其中氧化是啤酒稳定性和风味破坏的头号敌人，随着贮存期的延长，受高温、光线的影响，啤酒风味开始变差并形成日照臭味。

④啤酒的保鲜技术。

啤酒保鲜常用的物理方法是添加蛋白吸附剂，如成品酒在过滤前添加适量的聚乙烯吡咯烷酮（简称 PVPP），吸附多酚；也可添加硅胶，吸附大分子蛋白质。为取得更好的效果，多采用二者配合添加。

5. 啤酒的灌装与灭菌

发酵成熟的啤酒经过滤澄清后，要灌装成啤酒产品。啤酒灌装的好坏将直接影响到啤酒的酒体质量和外观质量。啤酒灌装有瓶装（玻璃瓶、PET瓶）、罐（听）装、桶装等。

（1）啤酒包装前的质量要求

清酒的质量要求：待包装的清酒，必须符合GB 4927—2008《啤酒》和食品安全国家标准GB 2758—2012《发酵酒及其配制酒》要求。滤好的清酒应在过滤后6～48小时内包装完，且清酒应控制在0～2℃、CO_2含量为0.45～0.55%、背压为0.12～0.15Mpa。

包装商标的基本要求：出口酒、特制酒用80g铜版纸，普通酒用60～80g胶版纸；符合GB 10344—2005《预包装饮料酒标签通则》标准要求。标签内容要有：①商品名称；②配料清单；③净含量、酒精度、原麦汁浓度；④注册商标；⑤制造者的名称和地址；⑥产品执行标准号及质量等级；⑦生产日期；⑧保质期和贮藏说明。

啤酒瓶的基本要求：外表光滑、色泽均匀。应使用在瓶底20mm内打有专用标记“B”的啤酒专用瓶。

（2）啤酒包装工艺技术

啤酒包装工艺要求：①严格的无菌要求，包装后的啤酒应符合卫生标准：细菌≤50个/mL、大肠菌群<3个/100mL、致病菌不得检出、二氧化硫≤0.05g/kg、黄曲霉毒素≤5ug/kg，防止污染，确保生物稳定性。②减少氧的摄入量，含氧量应≤0.8PPM。③包装过程中CO_2含量控制在0.45%～0.55%之间。④瓶子内外清亮，商标端正、紧贴瓶面，封盖严密、无漏气漏酒现象，液位整齐，容量符合标准要求。

瓶装啤酒包装工艺流程如图2-4所示。

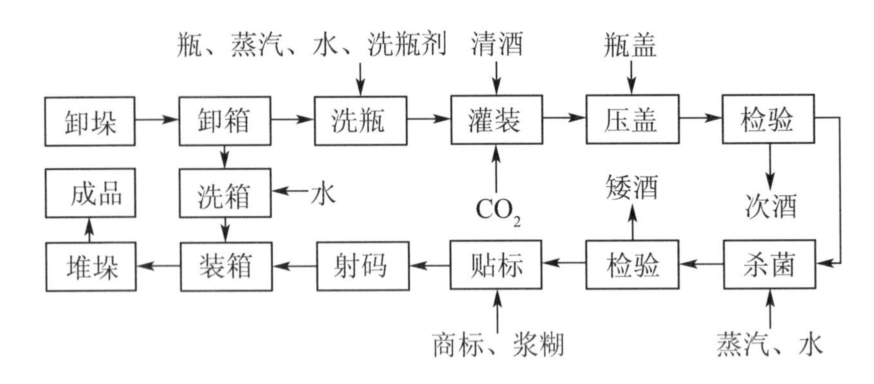

图 2－4　瓶装啤酒包装工艺流程图

啤酒灌装包括玻璃瓶和金属罐两大类，其中玻璃瓶在国内啤酒厂均有回收利用，现在重点介绍回收的玻璃瓶是如何洗瓶的。

回收玻璃瓶的洗瓶流程：

①工厂理瓶，先将卸箱的回收玻璃瓶进行初验，将无破损的玻璃瓶预处理，然后进入理瓶机进行预清洗和处理整齐，准备进入洗瓶机。图 2－5 为深圳金刚手自动理瓶机。

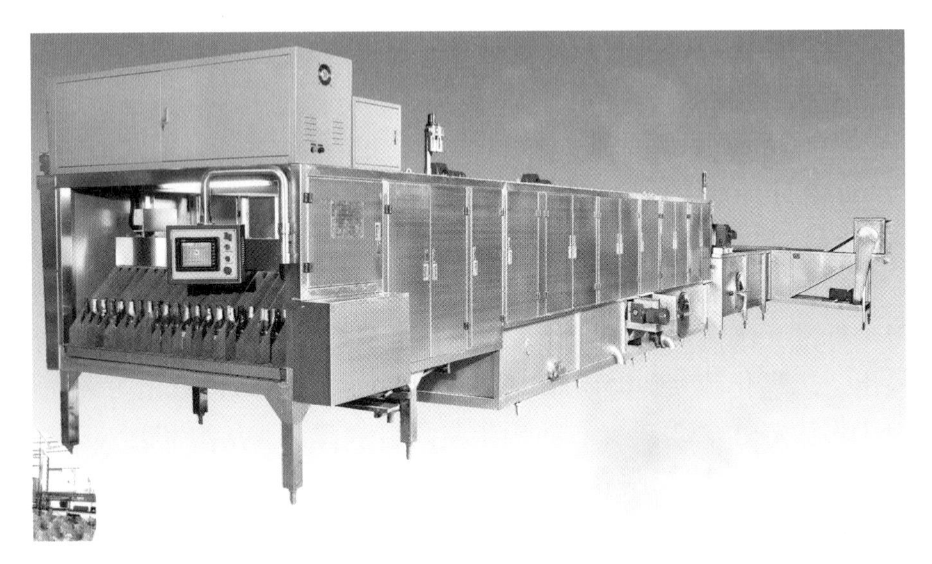

图 2－5　深圳金刚手自动理瓶机

②排残液，即瓶子进入洗瓶机后瓶口朝下，将瓶内的残液倒出。

③预浸泡，即用热水对瓶子进行浸泡，再预洗和去除灰尘等物质，并升高瓶的温度。

④预热喷淋，用热水对瓶身进行喷淋。

⑤碱浸泡，此为强洗涤区，即利用高温、浓碱进行浸泡，使瓶内外的各种污染物（如霉菌、油污等）和标签纸疏松脱落，同时也对瓶内进行消毒杀菌。

⑥除标，即用大量碱液冲洗瓶壁，将脱落的标签纸冲出洗瓶机。

⑦碱液喷淋，即用碱液对瓶内外进行喷淋，使清洗更彻底。

⑧热水喷淋，即进行热水喷淋，将瓶壁上附着的碱液冲洗下来，并逐渐降温。

⑨无菌水喷淋，即用无菌水对瓶子内壁接着喷淋，使瓶子符合生产要求，确保干净卫生和无残余碱液，瓶温降低到合适温度。

⑩残液淋干，即利用洗瓶机内特置的颠簸轨道，淋干瓶内残液。

⑪验瓶机，即对啤酒瓶进行最后一关的检验，确保酒瓶的安全完整，达到保证啤酒的卫生安全。

图2－6所示为啤酒厂普遍使用的全自动洗瓶机原理图。

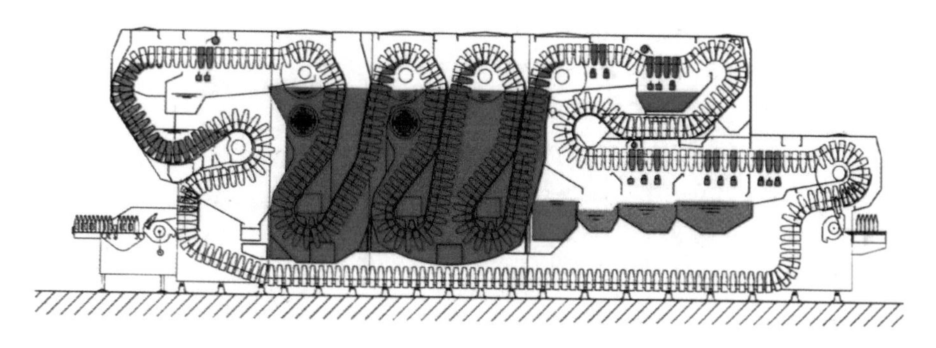

图2－6　全自动洗瓶机原理图

可见，只要通过理瓶机、洗瓶机和验瓶机三个步骤，就能够确保啤酒的安全卫生。

目前，啤酒包装有卸瓶机、洗瓶机、验瓶机、灌装压盖机、杀菌机、验酒机、贴标机、装箱机等“八机一条龙”，大大提高了啤酒的生产效率，并保证了啤酒的产品质量，图 2 –7 所示为全自动的啤酒瓶装生产线。

图 2 –7　广东轻工机械二厂有限公司生产的啤酒瓶装生产线

啤酒包装工艺流程的最后一个工序是装箱，早期的包装箱是板条箱，后来用纸板箱，如今全部采用五颜六色的彩印纸箱，既美观又轻便。桂林市艺宇印刷包装有限公司是我国最大的彩印纸箱（图 2 –8）生产厂，日产纸箱 100 万个。瓶装啤酒经过装箱机放

图 2 –8　桂林艺宇印刷包装有限公司生产的彩色纸箱

入纸箱后，经全自动纸箱裹包机封口后完成最后一道工序。图2－9所示为佛山瀛辉包装机械设备有限公司生产的全自动裹包机。

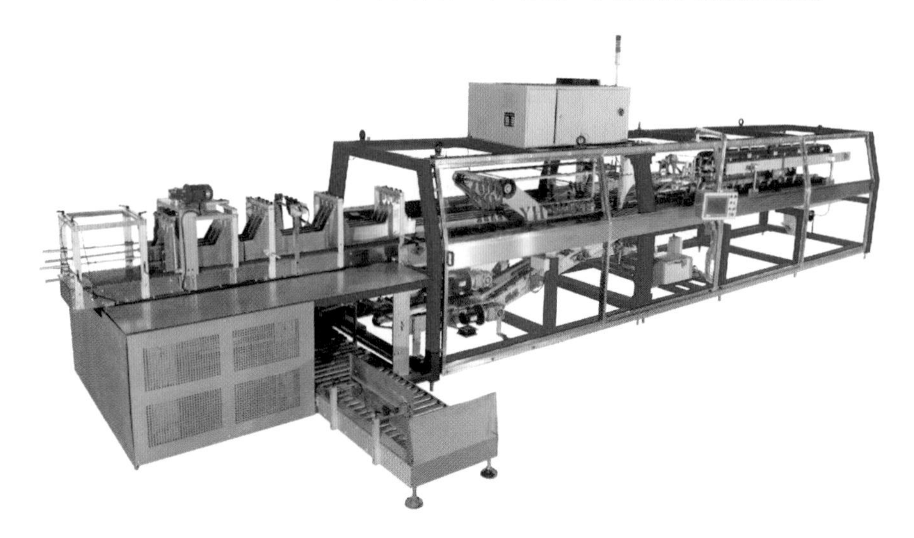

图2－9　佛山瀛辉包装机械设备有限公司生产的纸箱裹包机

（3）纯生啤酒的包装

纯生啤酒的特点体现在“纯”和“生”两个字，“纯”是指纯种发酵和全程密闭灌装，杜绝杂菌污染，啤酒口感与风味最纯正；“生”是指采用无菌低温膜过滤技术除菌，生产过程严格控制低温和无菌灌装，避免了二次污染。因此，纯生啤酒保持了新鲜口味、清醇酒香、柔和口味，风味稳定性好（风味随储存时间变化不大）、营养丰富。

纯生啤酒的微生物管理：酿造无菌水的细菌总数≤10个/100mL，无菌空气的细菌总数≤3个/10分钟，无菌CO_2的细菌总数≤3个/10分钟，清酒细菌总数≤50个/100mL，酵母菌0个/100mL，厌氧菌0个/100mL。

纯生啤酒的无菌灌装：清酒要用0.45μm膜过滤除菌，输酒管路及阀门、灌酒机酒缸、真空通道、背压通道需进行CIP清洗、灭菌，洗瓶机的末道洗水用热水或出口用无菌水冲瓶，出口端至灌装机入口的输瓶系统安装隔离罩和紫外灯，瓶盖在输送通道中用紫外线灭菌，啤酒接触的水、空气和 CO_2 都需过滤除菌。灌装间、灌装工区要达到纯生啤酒生产级别的洁净要求。

从啤酒的生产过程来看，麦芽汁制备利用麦芽自身的酶、啤酒发酵利用酵母增加营养、无菌灌装要求等，决定了啤酒生产的严格要求与安全卫生、利用原料自身风味而不需要任何添加剂、纯菌发酵过滤灌装而不需任何防腐剂。可见，啤酒是营养健康的一类食品饮料。

三、啤酒有哪些种类

有不少消费者经常问：啤酒是如何分类的？啤酒到底有哪些种类？

市面上常见的啤酒是淡黄色的浅色啤酒，不仅清亮透明、倒出时有白色泡沫，而仔细品尝，有幽幽的麦芽香和淡淡的啤酒花香。其实，啤酒是一个庞大的家族，可谓种类繁多、丰富多彩、琳琅满目。利用不同的原料、不同的生产工艺可以酿制出不同的啤酒，不同的国家和地区流行的啤酒品种也有差别。

世界上的啤酒究竟有多少种呢？美国著名的啤酒嘉年华会（Great American Beer Festival）曾做过一次精确统计，全世界的啤酒一共有 65 类、1 万多种。在中国，华润雪花啤酒、青岛啤酒、燕京啤酒等，只是啤酒家族中的一大类而已。

我国新的国家标准规定：啤酒是以大麦芽（包括特种麦芽）为主要原料，加酒花，经酵母发酵酿制而成的、含二氧化碳的、起泡的、低酒精度（2.5 ~ 7.5% vol）的各类生、熟、鲜酒液。啤酒一般可根据生产方式、产品浓度、色泽、消费对象、包装容器、发酵所用酵母菌的种类等进行区分和分类，下面看看啤酒到底是如何分类的。

1. 按杀菌方式的不同分类

按不同杀菌方式，可将啤酒分为鲜啤酒、纯生啤酒和熟啤酒三大类。

鲜啤酒：酒液不经过巴氏灭菌法或高温瞬时杀菌法处理的称为鲜啤酒。因啤酒中保存了一部分营养丰富的酵母菌，所以口味鲜美。但生物稳定性较差，常温下不能长时间存放，低温下可保存较长时间。如今流行的原浆啤酒即是鲜啤酒，如青岛原浆啤酒。（图 3 - 1）

图 3－1　青岛原浆啤酒

纯生啤酒：是采用“无菌膜过滤工艺”，用物理的方法将啤酒酵母从酒液中分离，而不是用巴氏灭菌法杀灭酵母菌。这样使啤酒不易变质，且较好地保留了鲜啤酒的优点。由于生产工艺技术的发展，现已有瓶装和罐装纯生啤酒。广州珠江啤酒集团有限公司是我国啤酒业界最早研制、生产纯生啤酒的厂家，珠江纯生啤酒在啤酒市场享有盛誉（图 3－2）。

罐装

瓶装

图 3－2　珠江纯生啤酒

熟啤酒：经过巴氏灭菌法或高温瞬时杀菌法处理即成为熟啤酒（或叫杀菌啤酒）。经过杀菌处理后的啤酒，稳定性好，保质期可长达一年以上，而且便于运输。但口感不如鲜啤酒，啤酒过保质期后，酒体会老熟和氧化，并产生异味、沉淀、变质的现象。熟啤酒大多以瓶装、罐装，或桶装形式出售。

2. 根据生产工艺不同分类

根据生产工艺的不同，啤酒有如下几种：

普通啤酒：按照啤酒常规工艺生产的，如熟啤酒、纯生啤酒等。

浑浊啤酒：这种啤酒在成品中存在一定量的活酵母菌，浊度为2.0～5.0 EBC，保持了啤酒酵母的营养和活性。珠江雪堡白啤酒（图3－3）就属于浑浊啤酒。

干啤酒：该啤酒的发酵度高，残糖低，二氧化碳含量高。故具有口味干爽、杀口力强的特点。由于糖的含量低，属于低热量啤酒。适合糖尿病病人饮用，例如蓝带干啤酒（图3－4）。

图3－3　珠江雪堡白啤酒

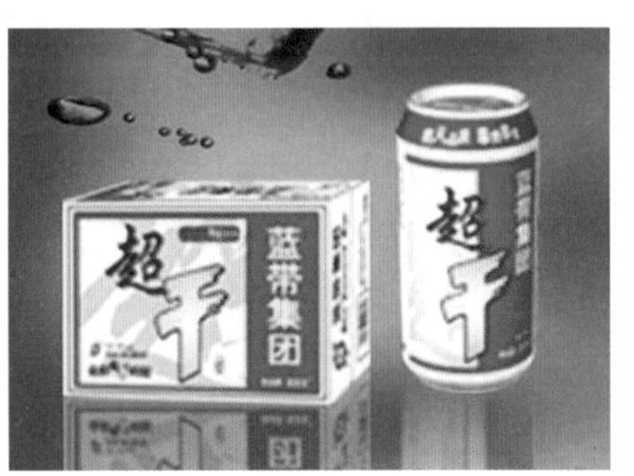

图3－4　蓝带干啤酒

头道麦汁啤酒：即利用过滤所得的麦汁直接进行发酵，而不掺入冲洗残糖的二道麦汁。具有口味醇爽、后味干净的特点。

低醇啤酒与无醇啤酒：这是基于消费者对健康的追求，减少酒精的摄入量所推出的新品种（图3－5）。其生产方法与普通啤酒的生产方法一样，但最后经过脱醇方法，将酒精分离。低醇啤酒酒精度为0.6%～2.5%vol，无醇啤酒的酒精含量应少于≤0.5%vol。

冰啤酒：将啤酒冷却至冰点，使啤酒出现微小冰晶，然后经过过滤，将大冰晶过滤掉，解决了啤酒冷浑浊和氧化浑浊问题。冰啤酒色泽特别清亮，浊度≤0.8EBC。酒精含量较一般啤酒高，口味柔和、醇厚、爽口，尤其适合年轻人饮用（图3－6）。

图3－5　珠江无醇啤酒

图3－6　冰啤

3. 根据颜色分类

啤酒根据颜色可分为三类：

（1）淡色啤酒

淡色啤酒又称黄啤酒，因其颜色较淡，英语中用“pale ale”或“light ale”表示。英国人把啤酒称为“ale”。这个词原本指未经加入“忽布”（hop即啤酒花）的麦酒，现在指比较淡的啤酒。黄啤酒酒花香气突出，口味清爽。

淡色啤酒的色度在5～14 EBC，如：高浓度淡色啤酒，是原麦汁浓度13°P以上的啤酒；中等浓度淡色啤酒，是原麦汁浓度为10～13°P的啤酒；低浓度淡色啤酒，是原麦汁浓度在10°P以下的啤酒；干啤酒（高发酵度啤酒）是实际发酵度在72%以上的淡色啤酒。

淡色啤酒是啤酒类中产量最多的一种。淡色啤酒又分为淡黄色啤酒与金黄色啤酒。淡黄色啤酒口味淡爽，酒花香味突出。金黄色啤酒口味清爽而醇和，酒花香味也较突出。

（2）浓色啤酒

浓色啤酒的色度在15～40 EBC，如：高浓度浓色啤酒，是原麦汁浓度13°P以上的浓色啤酒；低浓度浓色啤酒，是原麦汁浓度13°P以下的浓色啤酒；浓色干啤酒（高发酵度啤酒），是实际发酵度在72%以上的浓色啤酒。浓色啤酒的色泽呈红棕色或红褐色，麦芽香味突出、口味醇厚、酒花口味较轻。

（3）黑啤酒

黑啤酒的颜色呈咖啡色，被称为"stout""porter"。"porter"本是搬运工的意思，因为黑啤酒比一般的啤酒富含营养，适合做体力劳动的搬运工饮用，因此而得名。"stout"的本意是"强有力的、结实的"，因此，"stout"比"porter"色泽更深、味道更浓。黑啤酒主要选用焦香麦芽（burned malt）、黑麦芽（black malt）为原料，因其具有丰富的营养而被誉为"黑牛奶"。黄啤酒以捷克的皮尔森啤酒（Pilsener beer）为典型代表，而最著名的黑啤酒是德国的慕尼黑啤酒（Munich beer）。

黑啤酒色度大于40 EBC，色泽呈深红褐色乃至黑褐色。黑啤酒在麦芽原料中加入部分焦香麦芽，麦芽香味突出、色泽深、苦味重、泡沫好、酒精含量高、口味浓醇、泡沫细腻，并具有焦糖香味，苦味根据产品类型而有较大差异。图3－7所示为肇庆蓝带啤酒近年推出的雅基玛黑啤酒。

图 3-7　肇庆蓝带雅基玛黑啤酒

4. 根据麦芽汁的浓度分类

啤酒酒标上的度数与白酒酒标上的度数不同，它并非指酒精度，它的含义为原麦汁浓度，即进发酵罐时麦汁的浓度（如图 3-8 所示商标上的标准）。主要的度数有 18°P、16°P、14°P、12°P、11°P、10°P、8°P，日常生活中我们饮用的多为 10°P、11°P、12°P 的啤酒。啤酒按麦芽汁浓度可分为以下三类：

低浓度型（淡爽型）：麦芽汁浓度在 6～8°P（巴林糖度计），酒精含量为 2% 左右，夏季可做清凉饮料。

中浓度型（经典型）：麦芽汁浓度在 10～12°P，以 12°P 为普遍，酒精含量在 3.5% 左右。

高浓度型（嗜好型）：麦芽汁浓度在 14～20°P，酒精含量为 4%～5%。这种啤酒生产周期长，含固形物较多，稳定性好，适于贮存和远途运输。

图3－8　燕京啤酒商标

5. 根据啤酒使用不同酵母的分类

世界上的啤酒，根据啤酒使用不同酵母可分为两大类："艾尔（ale）"啤酒和"拉格（lager）"啤酒。它们的区别在于"艾尔"啤酒是由上面酵母发酵而成，而"拉格"啤酒是由下面酵母发酵而成。一般来说，"拉格"比"艾尔"的味道更加清爽。

上面发酵啤酒（图3－9）：采用上面酵母发酵过程中，酵母随 CO_2 浮到发酵液面上，发酵温度为15～20°C，啤酒的香味突出，以英国的"艾尔"啤酒为代表。广州珠江啤酒公司生产的"雪堡"小麦白啤酒就是上面发酵啤酒。

图 3－9　上面发酵啤酒

下面发酵啤酒（图 3－10）：采用下面酵母发酵完毕，酵母凝聚沉淀到发酵容器底部，发酵温度为 5 ～ 10°C，啤酒的香味柔和，以德国的“拉格”啤酒为代表，世界上绝大部分国家采用下面发酵啤酒。我国的啤酒均为下面发酵啤酒，如华润雪花啤酒、燕京啤酒和青岛啤酒，还有深圳青岛啤酒朝日有限公司生产的奥古特啤酒也是下面发酵啤酒，它是严格按照传统工艺酿造的（图 3－10）。

图 3－10　深圳青岛啤酒朝日有限公司生产的奥古特啤酒

6. 根据啤酒原料的不同分类

根据啤酒原材料不同，可以生产风味不同的啤酒。

（1）全麦芽啤酒

全麦芽啤酒是全部以麦芽为原料（图 3－11），或部分用大麦代替，采用浸出或煮出法糖化酿制的啤酒。酿造中遵循德国的啤酒纯酿法，原料全部采用麦芽，不添加任何辅料（如大米）。这样生产出的啤酒成本较高，但麦芽香味突出。

（2）小麦啤酒

小麦啤酒是以小麦芽为主要原料生产的啤酒（占总原料 40% 以上），采用上面发酵法或下面发酵法酿制。生产工艺要求较高，酒液清亮透明，酒的储藏期较短。此种酒的特点为色泽较浅、口感淡爽、苦味轻。

（3）果味啤酒

果味啤酒在发酵中加入果汁提取物，酒精度低。本品既有啤酒特有的清爽口感，又有水果的香甜味道，适于妇女、老年人饮用。如广氏菠萝啤（图 3－12）。

图 3－11　广州亚太酿酒有限公司生产的全麦芽喜力啤酒

图 3－12　广氏菠萝啤

（4）绿啤酒

绿啤酒是在啤酒中加入天然螺旋藻提取液，富含氨基酸和微量元素，呈绿色。

（5）暖啤酒

暖啤酒是在啤酒后发酵阶段加入姜汁或枸杞的啤酒，它有预防感冒和预防胃寒的作用。

（6）运动啤酒

普通人喝水补充水分，运动员除了失水，还失去身体里的很多微量元素。根据运动员自身情况，在啤酒中加入运动员需要的微量元素和营养物质，这就是运动啤酒。此啤酒适合做完体育运动之后的人们用来补充失去的营养。运动结束后可以喝运动啤酒来恢复体力。

7. 贮藏啤酒和皮尔森啤酒

贮藏啤酒，亦即“拉格”啤酒，也就是用下面发酵酵母酿造的啤酒。欧洲中世纪末期，德国慕尼黑地区的酿酒师利用山洞里面的低温、清洁环境，将发酵啤酒低温贮藏一段时间后发现啤酒的风味和口感得到了明显的改善，这就是贮藏啤酒。它和用上面发酵酵母、常温酿制的啤酒完全不同。后来，冷冻机的发明解决了低温的问题，贮藏啤酒技术得以在全世界推广应用。

皮尔森啤酒，又称 Pilsner，Pilsener，Bohemian，是一种贮藏啤酒，即拉格啤酒。色浅，酒体偏淡、味干（不甜），具有典型的酒花香味和苦味。酿造皮尔森啤酒的水极软，减少了谷皮风味物质的浸出，能降低糖化酶淀粉酶活性。一直到 19 世纪 40 年代，绝大多数的捷克啤酒使用的还是较原始的上面发酵法，酿制出的啤酒既暗淡又混浊，且产品的口感往往不稳定，致使顾客们经常对酒的质量很不满意。1839 年，皮尔森市的市民决定集资建立一座他们自己的酿酒厂——“市民酿酒厂”。市民酿酒厂采用德国巴伐利亚的先进的下面发酵法，使啤酒的清澈度、香味和保鲜期获得很大的提升。为此，专门聘请了巴伐利亚著名酿酒师约瑟夫·格罗尔来设计、研究新啤酒的制作工艺。后者最后大胆采用了当时新诞生不久的浅色麦芽，使得啤酒呈现出日后成为皮尔森啤酒标志的金黄色。1842 年 10 月 5 日，第一桶皮尔森啤酒终于面世。新式麦芽带来的迷人的金黄色泽、皮尔森市引以为傲的甘甜水源、邻近的扎特茨市的上等啤酒花和当时最先进的巴伐利亚窖藏啤酒发酵法，这些因素通通添加到一起使得皮尔森啤酒一经面世就立即引起了轰动。恰恰那时候是铁路刚刚问世不久并迅猛发展的年代，随着交通方式的进步，很快，皮尔森啤酒及其酿造法便在整个欧洲普及开来。图 3－13 为捷克皮尔森啤酒厂博物馆。

图 3－13　捷克皮尔森啤酒厂博物馆

近现代的皮尔森啤酒：随着 19 世纪末卡尔·冯·林德将现代冷冻技术引进国内，过去对下面发酵法来说必不可少的用来维持发酵时低温环境的大地窖变得不再必要，许多过去因条件不足无法酿造皮尔森啤酒的地方也得以开始酿造皮尔森啤酒。然而，直到不久之前，正宗的经典式皮尔森啤酒依然在使用酒厂的大地窖和传统的敞开式酒桶。这一传统技术到了 1993 年才开始被大型地窖发酵罐（图 3－14）取代，但传统方法依然用于生产少量的样酒以测试酒的质量。

图 3－14　大型地窖发酵罐

今天的皮尔森啤酒：皮尔森啤酒以世界上首种“金色啤酒”著称。现代皮尔森啤酒的色泽从淡黄色到金黄色不等，所使用的香料和味道彼此也都有着很大的不同，比如在原产地捷克，皮尔森啤酒的口味一般比较清淡，而德国产的皮尔森啤酒的口感往往要苦一些，有时甚至有类似泥土的味道。著名的有德国皮尔森啤酒（贝克啤酒），荷兰的皮尔森啤酒（喜力，Amstel）和比利时的皮尔森啤酒（Jupiler，Stella Artois），这些啤酒经常被人评价为“带有一股淡淡的甜味”。今天中国的啤酒工厂生产的啤酒，无论是青岛啤酒、雪花啤酒，还是燕京啤酒，都是皮尔森啤酒。

8. 手工精酿啤酒

手工精酿啤酒又叫微酿啤酒、自酿啤酒或者精酿啤酒。手工精酿啤酒起源于欧洲，兴盛于美国，近年来在我国大中城市迅速发展。精酿啤酒一般是采用传统生产工艺，用大麦芽、啤酒花、酵母和水酿造全麦芽啤酒。产品具有各种色泽、口味，一般酒精含量比较高，苦味比较重，其强度和感觉可满足各种消费人群的需要，特点是，品质一流，口味独特，种类繁多，多为现酿现卖，新鲜可口。

生产精酿啤酒一般为以生产特色啤酒为主的小型啤酒厂家，生产规模为日产 300～500 升到年产 1 万千升至 5 万千升不等，以品质为核心，选料精细，讲究工艺，形成独立，模式多为“前店后厂”。这些小啤酒厂的产品通常是区域性地销售。在欧洲，这种精酿啤酒厂特别多，大部分都是历史悠久的小厂。由于移民原因，美国和澳大利亚也相继发展了很多优秀的精酿啤酒厂，特别是市场更为自由的美国，他们极富创造力的生活态度使得精酿啤酒得到迅猛的发展。因此，在美国这个相对新兴的啤酒大国也出现了非常多的世界一流的精酿啤酒厂，至 2014 年二季度末，美国精酿啤酒厂已经达到 3040 家，2013 年精酿啤酒占美国啤酒总产量的 7.4%，由于卖价高，销售收入占到 10% 以上。在欧美国家啤酒产量停滞不前或有所下降的形势下，精酿啤酒一枝独秀，迅速发展。

精酿啤酒的主要消费者是年轻的都市人群，选择风味独特且富于创新的精酿啤酒开始成为一种新的消费潮流。在酒吧、酒楼和超市消费时，精酿啤酒也成为许多人的首选。

中国啤酒业经历 30 多年的迅速发展，不仅形成了成熟的啤酒消费市场，而且，在原料、装备等方面形成了完整的配套体系。专家预测，21 世纪精酿啤酒将在中国餐饮界掀起一场革命性的浪潮，精酿啤酒的独特性是大型啤酒无法取代的。

从啤酒业长远发展来分析，精酿啤酒一定会成为中国啤酒业的重要组成部分。推动和加速精酿啤酒的发展，不仅有利于提高我国啤酒产品整体质量，普及啤酒文化知识，弘扬啤酒历史文化，而且可以丰富我国啤酒品种，更好地为啤酒爱好者提供纯天然、高品质的啤酒。

四、如何选择和享用啤酒

1. 啤酒的选择

如前所述，啤酒是以麦芽为主要原料，加上酒花和酵母，经生物工程酿制而成的含二氧化碳的低酒精度的发酵酒。市售啤酒种类繁多，琳琅满目，该如何选择质量上乘又为自己所喜爱的啤酒呢？有几点要注意：

一是要看商标，按有关规定，产品商标必须标明产品名称、注册商标、净容量（mL）、酒精度（% vol）、配料表、原麦汁浓度（°P）、生产企业及其通讯地址、产品标准、生产日期、保质（有效）期、储运方式和警示语等。如果是进口啤酒，还必须加贴中文标签，注明原产地（国家和地区）和经销商名称、通讯地址等，如无中文标签则被视为违法商品将被查处。

二是要看保质期，过期产品不宜饮用，因啤酒是讲究新鲜度的，储存时间过长对风味和口感会有一定的影响。啤酒的国家标准规定，产品要标注保质期，但保质期的长短可由企业视产品类别、包装形式和技术条件而定。国外瓶装啤酒其保质期标注有最长达5～10年的产品，我国国家标准规定，产品保质期2年（或以上）的产品和酒精含量超过10% vol的产品无需标注保质期。

三是要看啤酒的类别和酒精含量。啤酒的酒精含量虽低，但它毕竟是一种酒精饮料，要选择适合自己饮用的啤酒。如果是不胜酒力的人或是酒后有公干的人，可选择无醇（酒精含量≤0.5% vol）的啤酒或低醇（酒精含量为0.6%～2.5% vol）的啤酒，喜欢重口味的人可选用酒精含量较高、够味够劲的啤酒，如黑啤酒、烈性啤酒等。在此要注意的一点是，不要把商标上标注的原麦汁浓度误当酒精度，二者的含义和标注方式也不同，原麦汁浓度通常以“°P”（柏拉图度）表示，而酒精度是以“% vol”表示的。

四是选用有一定知名度和美誉度的企业啤酒，知名品牌的企业，生产技术和管理都很规范，产品质量有保障，不要买冒牌货、走私货。

2. 啤酒的储存

啤酒在酿制过程中，产生的二氧化碳（CO_2）溶解于酒液中，经低温灌装而成，按国家标准规定，成品啤酒含有0.35%～0.65%（质量分数）的二氧化碳，桶装（生、鲜、熟）啤酒的二氧化碳不得小于0.25%（质量分数），由此可知，啤酒是含气（二氧化碳）的酒精饮料，储藏运输要注意以下几个问题。

一是要避免高温，啤酒要求在5～25℃的温度环境中储存，温度不能过高，高温会导致啤酒内在质量和风味发生变化，缩短保质期，还会因瓶内压力增大而发生爆瓶。同时，储藏温度又不能过低，不能将啤酒置于冰箱（或冷库）的冷冻室储存，因啤酒的主要成分是水，水在0℃时会结冰，会致体积膨胀而发生爆瓶、爆罐的事故，从而招致对其他食物的污染。

二是要避免在阳光下直晒，否则会加速啤酒的老化，产生令人讨厌的老化味（一种似馊饭的异味）。

三是避免震荡，啤酒在搬运途中的剧烈震荡，同样会加速啤酒的老化而产生质变，而且会增加爆瓶的风险。

四是要避免与非食用的物品一同储存和运输，以免受污染，保障产品的质量与安全。

3. 如何享用啤酒

啤酒是长盛不衰的国际饮料，它为何有如此诱人的魅力呢？该如何去品鉴和享用啤酒呢？这里头也大有学问。

（1）酒杯的选择

俗话说，好马配好鞍，好酒配好杯，啤酒杯更是有它的特殊要求。我们通常所见之酒杯，其形状、规格、材质各异，如玻璃、陶瓷、锡制、不锈钢、木质等，各式各样都有。啤酒杯的选择，从材质来讲，最好是玻璃，容量在 300 ～ 500mL 之间，国外（如德国）有用 1000mL 的大玻璃杯；酒杯要求透明度好，无气泡、玻璃壁厚薄均匀，利于观察酒体和气泡，杯底较厚，以延缓桌面温度影响酒液升温。杯身有抓耳，以免手的体温传递给酒液而影响口感。至于用陶瓷、金属、竹木等材质制成的酒杯，因它不透明而不能视为理想的啤酒杯。还有一点要注意的是啤酒杯必须清洗干净，不能有任何残留的污渍，以免影响泡持性和挂杯。酒杯要自然风干，切忌用棉布或卫生纸抹拭，以免纤维粘附在杯壁上。

（2）温度的要求

品啤酒对温度有要求，温度过高或过低对口感都有影响，最佳饮用温度应在 8 ～ 15℃之间。有人以为温度越低越好，喝起来舒服、够爽，其实不然，温度过低会加重苦味的感觉，影响风味，且对胃粘膜有刺激的作用，在空腹喝酒时，更要注意这一点。啤酒温度在 10℃时饮用口感最佳，芳香物质挥发最好。

（3）斟酒有讲究

如何倒啤酒，这是一个极易被人们忽视的问题。经常看见餐馆、酒楼的侍者，左手拿酒杯，右手拿酒瓶，斜着酒杯把啤酒沿杯壁缓慢往里倒，不让泡沫冒出来，直至倒满为止，这种斟酒法，人们给它戏称为“歪门斜道（倒）”，若问侍者为何如此倒酒，得到的答复几乎都说是“培训的时候就是要我们这样倒酒的”。其实，这样倒啤酒是不科学的，正确的方法应是酒杯置于桌面，把瓶口放在离杯面 3 厘米处，正中轻轻往杯中倒酒，不能操之太急，斟酒过程中可观赏到洁白、细腻的啤酒泡沫往上冒出来，直至高于杯口成冠状，泡沫持久挂杯（泡持时间，瓶装啤酒为 130 ～ 180 秒，罐装啤酒为 110 ～ 150 秒），缓慢地在人的视线中消失。同时还会看到有一串串的小气泡往上升，形成啤酒特有的一道景观，令人心旷神怡，妙不可言。这也是啤酒上品的一个特色，如倒酒时没有泡沫或只有很少的、粗糙的泡沫，且泡沫一冒出来就很快消失，泡沫稍带暗色，酒液看不到有小串的气泡冒出来，可以判断，这杯酒并非好酒。

（4）要察颜观色

对浅色啤酒而言，啤酒倒入杯中看它的颜色是否呈金黄色或淡黄色，清亮透明，有光泽，此为好酒。如酒液清亮度欠佳，或有混浊，有明显肉眼可见的悬浮物或沉淀物，有失光现象，则此酒品质不佳。

（5）闻其气味

啤酒有一股麦香、花香、酒香揉合在一起的淡雅清香，令人垂涎欲滴。如闻不到香气，或闻到有异香或异味就要警惕了。

（6）品尝口味

这是鉴赏啤酒最重要的一环。品尝啤酒不能像喝白酒、洋酒那样一小口一小口地喝，慢吞细酌，而要大口大口地喝，一口应不少于15mL，以满口为宜。酒液要在口中停留片刻（2～3秒），切不可过急下咽，这样才能较全面、客观地感受啤酒的美妙之处，因为舌头不同的部位对甜、酸、苦、辣等味觉的敏感度不一样。啤酒是众多酒种中酒精度最低的一种酒，给人以纯正、醇厚、清爽、柔和、爽口的感觉，还有啤酒特有的令人愉悦的苦味，是不可多得的感官享受。

五、啤酒有什么营养价值

啤酒可快速提供能量，解除疲乏。一瓶640mL（麦汁浓度10°P）的啤酒含能量约864kJ，比发酵前麦芽汁能量减少约19%，是同体积可乐饮料能量1080kJ的80%，属于相对“减肥食品”。

啤酒一般含3～4%vol的乙醇，能愉悦精神。啤酒具有放松神经、促进血液循环和利尿等功能，故有一种说法：“一瓶啤酒是健康，两瓶啤酒是快乐，三瓶啤酒是放纵。”

啤酒如面包一样营养丰富。啤酒中的多种分子量中等的糖类物质、蛋白质类物质、核酸，小分子量的氨基酸、蛋白质、核苷酸、维生素等，能够满足人体对多种营养素的需要。

啤酒如保健品一样能预防疾病。啤酒含有抗氧化和清除自由基的多酚，防治肿瘤的黄腐酚，治疗结核、神经衰弱、麻风等疾病的葎草酮类和蛇麻酮类等酒花苦味物质。图5－1所示的健康宣传栏提倡适量饮啤酒。

图5－1　健康宣传栏

由于啤酒与葡萄酒一样具有营养保健功能，且其营养物质、生物活性物质的80%～90%能被人体快速吸收，从而赋予啤酒生津止渴、消除疲劳、振奋精神、增强食欲、健胃利尿和促进血液循环等多种营养保健功能。

1. 啤酒中含有精神愉悦剂、健康能量——乙醇

啤酒中的乙醇具有放松神经、促进血液循环和提供能量等功能，“一瓶啤酒健康，两瓶啤酒快乐，三瓶啤酒放纵”的说法，即是从放松神经角度来说的。

啤酒中乙醇含量一般在3%～4% vol（俗称酒精度），其乙醇含量远低于其他酒种，如葡萄酒为11% vol，黄酒为16%～18% vol，中国白酒、白兰地酒、威士忌酒、伏特加酒等蒸馏类酒为36%～53% vol。可见，在各类酒中啤酒是乙醇含量最低的，属低酒精度饮品，其所含乙醇基本上处于放松神经的浓度，除非豪饮才能达到麻痹或麻醉神经的作用（即醉酒）。

国内外大量关于人体饮酒与健康、乙醇与人体代谢等的基础研究，以及营养学、临床医学、人体状况与乙醇代谢、乙醇耐受量等实践研究都充分表明：正常成年男性每天饮用乙醇20～40g，即1～2瓶啤酒是健康的。原因是人体正常每小时可代谢消耗掉乙醇2～2.5g，即每天可代谢耗掉乙醇48～60g，其中人体自身每天会产生乙醇20～30g，所以人体每天具有代谢消耗18～40g乙醇的余量。当然，女性乙醇代谢能力只有男性的85%，所以女性健康饮酒量应该更少些。

另外，健康饮酒量因人而异，且与个人的体重、乙醇代谢、身体状况等因素有关。例如，身体健康的年轻人在兴奋状态时的身体代谢旺盛，能够更快代谢乙醇和耐受更高浓度乙醇，导致人的酒量变大，这就是常说的“酒逢知己千杯不醉”。反之，身体生病、状

态低迷、生气、郁闷等情况下，人体乙醇代谢速度慢、耐受力降低，导致人的酒量变小、易醉，这种情况下过多饮酒对身体健康危害更大。

2007 年对饮酒者皮下电阻实验测定的研究发现：饮用 1 瓶啤酒后的应力紧张程度可减少 50%，还可减少不安感和多疑意识，使人的精神放松。美国精神病院对依靠药物治疗的有自卑感和孤独感的老年患者，在饮食中增加一小杯啤酒，经过 1 ~ 2 个月后对比发现，饮用啤酒老人的药物用量可大大减少，病情得到缓解。

乙醇最终代谢成二氧化碳和水的燃烧热量为 28kJ/g，而一瓶啤酒的热值在 600 ~ 800kJ，是人体每天需要量的 8000kJ 的 10%，且啤酒成分能够快速吸收。可见，啤酒是人体快速获得能量的来源。

1 瓶 500mL 啤酒含有的能量相当于 2 个鸡蛋、80 克面包、200 克土豆、18 克植物油或 50 克大米（大米为 14kJ/g）。可见，喝啤酒相当于吃饭，但是从人体感到饱腹感来说，喝啤酒比吃饭更容易饱，且啤酒含糖少而不会导致血糖浓度升高。这就是夏天喝啤酒有助健康的原因之一。

啤酒利尿的原因：啤酒中的乙醇、酒花的苦味物质及啤酒发酵后所含固形物质的核酸诱导物等都会有利尿功效。适度饮用啤酒能改变血液和小便中的电介质（镁、钾、钠、钙等离子），总排尿量比饮酒前有很大程度提高，而且饮用啤酒的排尿量高潮可延续 60 分钟。小便排出量的增加也加大了盐分的排出量，同时钙、镁的析出被抑制，所以适度饮用啤酒既不会使钙和镁含量降低，也不会阻碍盐和水的排出。可见，啤酒利尿有利于人体代谢废物的排除，对人体健康非常重要。

因此，成年人每天适量饮用啤酒，如一瓶啤酒（640mL）或两瓶啤酒，摄入的酒精量不仅影响不到身体的健康，而且对人的身体健康、精神状态都非常有益。这是值得提倡的健康饮酒风气，是完全健康的、是享受生活的。

2. 啤酒中的生命之源——水

啤酒之所以是能够快速被人体吸收而补充人体所需要的水分和营养的健康饮品，皆因啤酒含有占总成分的 90%～92% 的水。每当炎热的夏天来临，由于人体大量出汗等导致人体内水分的快速排出而损失，这时啤酒就能成为人体水分的良好来源，尤其是在吃饭、休闲等情况下，这是所有其他酒类所不能相比的。

再从啤酒中的水质来看，由于酿造啤酒对水的品质有特定的要求（见酿造用水），不同来源的酿造用水是形成不同啤酒品质和啤酒品牌的重要原因之一。啤酒中的水对于人体健康来说，品质好于自来水和纯净水，接近矿泉水，像金川啤酒有限公司酿造啤酒的水就属于优质矿泉水。因此，啤酒中的水是天然的、健康的、有益的，特别是啤酒不像常见饮料那样添加香精、色素和防腐剂等化合物，啤酒中的物质不是特意添加的，而是天然的。

西班牙《数码报》2008 年 4 月 4 日报道：格拉纳达大学医药生理学教授曼努埃尔·卡斯蒂略·加尔松指出，为了缓解高温或运动造成人的口渴，人体不仅需要水以及微量元素等，还需要一些味道。这是水不能提供但啤酒却能够提供的，即能够实际解渴，又能够从心理和感官上解渴和得到满足。此外，啤酒的清凉和泡沫也可以通过胃壁散播，从而有助于快速消除口渴。

总之，啤酒中的水不仅能解渴，而且能快速解渴，包括口渴和体渴，甚至是心理的“干渴”。

3. 啤酒如面包，营养更健康

啤酒属于绿色营养食品，被人们称为“液体面包”，是因为啤酒中丰富的营养成分，如糖类、蛋白质、氨基酸、核酸、维生素等物质是人体组成成分和新陈代谢的主要物质，能够满足人体对多种营养素的需要。啤酒中的营养成分，如表5－1所列。

表5－1　国产11°P啤酒中的营养成分及其含量

营养物质	含量（g/100mL）
酒精	3.5～4.0
还原糖	1.5～2.5
糊精	1.5～2.0
蛋白质及其分解物	0.35～0.55
无机盐类	0.15～8.25
维生素类	29×10^{-5}～35×10^{-5}
二氧化碳	0.3～0.45

可见，啤酒不仅营养丰富，而且1瓶500mL啤酒具有相当于2个鸡蛋、80克面包的营养。

美国《食品和营养百科全书》中列出了美国啤酒的营养成分及每罐啤酒（360mL）占成年男性每日推荐需要营养量的百分比（见表5－2）。每升啤酒含有3.5～5.5g蛋白质的水解产物——肽和氨基酸，它们几乎100%可以被人消化、吸收和利用。啤酒中碳水化合物和蛋白质的比例约为15∶1，这最符合人类的营养平衡的要求。所以说，啤酒是人类的营养健康饮品。

啤酒中维生素、磷、镁等矿物质含量丰富，且属于低钠饮料，含有钠20mg/L和钾80～100mg /L，钠钾之比为1∶4至1∶5，这有助于人们保持细胞内外的渗透压平衡，也非常有利于人们解渴和利尿。啤酒中的这些成分对人体健康都非常有益。表5－2是美国啤酒的营养成分及满足人体营养需要的量。

表 5－2　美国啤酒的营养成分及满足人体营养需要的量

营养素	360mL 啤酒含量	成年男性每天推荐需要量	每 360mL 啤酒占成人每日推荐需要量的百分比
热量/kJ	632	11304	5.6%
蛋白质含量/g	1.1	50	2%
脂肪含量/g	0	—	0
碳水化合物含量/g	13.7	—	—
水分/mL	332	2700	12.3%
酒精含量/mL（体积分数 4.5%）	16.2	—	—
无机盐			
钙含量/mg	18	800	2.2%
磷含量/mg	108	800	13.5%
钠含量/mg	25	2200	1.1%
镁含量/mg	36	350	10.3%
钾含量/mg	90	3750	2.4%
维生素			
叶酸含量/μg	21.6	400	5.4%
尼克酸含量/mg	2.2	18	12.2%
VB_3 泛酸含量/mg	0.29	55	5.3%
B_2 核黄横素含量/mg	0.11	1.6	6.9%
B_6 吡哆酸含量/mg	0.21	2.2	9.5%

啤酒中上百种的微量成分如表 5－3 所示。

表 5－3　啤酒微量成分的分析结果

成分	含量	成分	含量
乙醇（% vol）	4	类（ug/L）	
电解质（mg/L）		腐胺	130
钙	107	酪胺	1690
镁	34	组胺	315
酒花浸膏（ug/L）	100	L－氨基酸（ug/L）	
维生素（ug/L）		丙氨酸	103
B_1	42	精氨酸	72
B_2	410	天冬氨酸	28
B_3	798	半胱氨酸	6
烟酸	7874	谷氨酸	40
生物素	13	甘氨酸	31
肌醇	39	组氨酸	36
叶酸	0.04	异亮氨酸	34
半泛酸钙	1682	亮氨酸	55
有机酸（ug/L）		赖氨酸	16
醋酸钠	185	蛋氨酸	2
丙酮酸钠	78	苯丙氨酸	77
葡萄糖酸钾	55	脯氨酸	357
DL－苹果酸	295	丝氨酸	19
柠檬酸钠	94	苏氨酸	5
DL－苹果钠	35	色氨酸	20
		酪氨酸	76
苦杏苷类（ug/L）	35	缬氨酸	73
嘌呤/嘧啶类（ug/L）		酚类（ug/L）	
腺嘌呤		儿茶酚	24
鸟嘌呤	9	表儿茶酚	55
黄嘌呤	9	没食子酸	29

（续表 5－3）

成分	含量	成分	含量
次黄嘌呤	8	阿魏酸	21
腺苷	6	绿茶酸	20
鸟苷	11	咖啡酸	20
次黄苷	87	芥子酸	20
胞嘧啶	4	芦丁	6
尿嘧啶	3	槲皮苷	6
胞苷	3	杨梅苷	1
胸苷	52	溶胶酸	微量
尿苷	19	香豆酸	7
	68	对羟基苯	20

从表 5－3 的数据可知，啤酒中的维生素及矿物质含量非常均衡，蛋白质中所含人体 8 种必需氨基酸占 12%～20%，并且以一种极易吸收的胶体状态存在，对健康有益。

4. 啤酒中含有生物活性物质

啤酒中的生物活性物质主要来源于酒花、麦芽汁，以及酵母代谢活动中产生的各种物质，如多酚、维生素、苦味物质、谷胱甘肽等。

多酚具有抗氧化和清除自由基的功能。啤酒中的多酚含量较高，大于 150mg/L，与咖啡、茶和葡萄酒中多酚相当，多酚的来源渠道主要是麦芽（75%～80%）和啤酒花（20%～25%）。

多酚的健康功效主要体现在：抗氧化作用（同葡萄酒），能够捕获自由基；可预防心血管疾病；具有一定消炎、止痛与杀菌作用；特定多酚物质还具有抗癌作用，如黄腐酚。2008 年德国海德堡癌症研究中心的 Norbert Frank 博士对包括啤酒在内的 2000 多种化合物进行防癌和抗癌性质的测试后发现，黄腐酚具有阻止癌变的功效。

啤酒中多酚物质表现的功能如下：

① 抗衰老。加拿大科学家的研究成果表明：一天喝一瓶啤酒就会延缓人体衰老的进程，起作用的物质主要就是啤酒中的多酚。

②预防癌症。德国癌症研究中心 FRAK 博士的实验表明：多酚中的黄腐酚可以预防乳腺癌、结肠癌、子宫癌和前列腺癌，而且对癌变的不同阶段都有抑制作用，尤其在癌症初期，这种物质的抗癌效果更好。德国科学家维乐纳·巴克的研究也证明：黄腐酚能够阻止导致癌细胞生长的酶发挥作用，并帮助人体消除其他致癌物质。

③预防心血管疾病。黄腐酚具有比维生素 E 更强的抗氧化作用，有助于降低胆固醇的氧化过程。特别是多酚中的酚酸、香草酸和阿魏酸，可以避免对人体有益的高密度脂蛋白（HDL）遭到氧化，从而防止动脉粥样硬化的发生和保持心血管系统的健康。

④消除毒性。2003 年，日本千叶大学医学研究院在同萨希啤酒公司研究小组的合作研究中发现：啤酒花中的多酚具有消除致病性肠道出血性大肠菌 O－157 毒性的作用。其作用原理是：多酚成分与大肠菌分泌的致病性毒素结合后，改变了毒素的分子结构和原有功能，由此产生了抑制肠道细胞遭受损伤和引起出血的效果。

5. 啤酒中含有的苦味物质

啤酒花是啤酒多种生物活性物质和风味物质的主要来源，主要包括树脂类、挥发油、黄酮类、绿原酸、鞣质、粗纤维、氨基酸等，具有不同的生物活性，并具有药用价值和保健功效。如具有抗菌、抗肿瘤、抗氧化、镇静、雌性激素样等功能。

啤酒中苦味物质主要来自于啤酒花，主要包括葎草酮类、蛇麻酮类、葎草萜、香叶烯等 30 多种成分，葎草酮类和蛇麻酮类的结构式如图 5－2 和图 5－3 所示。

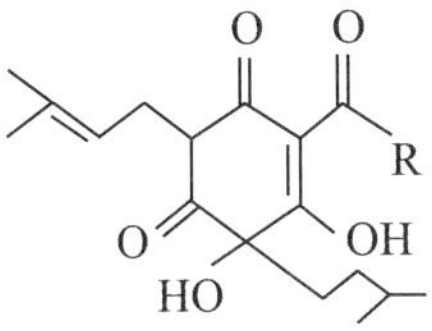

图 5－2　葎草酮类 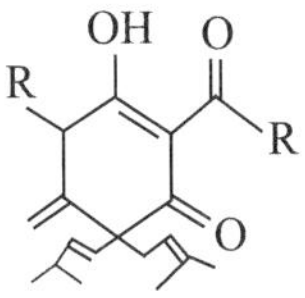　　图 5－3　蛇麻酮类

①葎草酮类（包括副葎草酮、加葎草酮等）。

葎草酮在麦芽汁投料煮沸期间变成异葎草酮，是构成啤酒苦味的主要成分，而葎草酮可进一步氧化分解成葎草酸、副葎草酸、加葎草酸。其中异葎草酮对酵母、革兰氏阳性细菌有抗菌能力，所以自古以来就用于易腐败饮料的防腐。它具有镇静作用、催眠作用、抗菌作用、抗生物质作用、健胃作用，很早以来在欧洲作为芳香性苦味健胃药、利尿药、镇静药使用。我国淡色下面发酵啤酒中异葎草酮的含量在 20 ～ 30mg/L。

②绿原酸。

绿原酸具有使中枢神经兴奋作用，还有促进胃液、胆汁分泌的作用。在体内加水分解后，生成奎尼酸、咖啡酸。啤酒中的咖啡酸具有抑制组胺从肥胖细胞游离出来的功能，同时还能够阻止 5－脂（肪）加氧酶及白（细胞）三烯的生成。

③生物黄酮类。

啤酒中的生物黄酮素，包括橙皮苷（又名维生素 J）与芦丁同属黄酮诱导体，总称为生物黄酮类。它们都具有强化毛细血管、抑制血管透过性、增大毛细血管壁抵抗性的作用。这种化合物常用于毛细血管壁抵抗减弱，透过性增大而发生的紫斑病、脑血管出血、视网膜出血的预防及治疗。将其水溶性化合物进行静脉注射，由于动脉的扩张可降低血压，生物黄酮素可以抑制透明质酸酶扩散，常用于改善出血倾向或高血压的处方药。

④槲皮苷。

槲皮苷广泛分布于植物界的黄酮醇配糖体，槲皮苷与橙皮苷、芦丁同属黄酮衍生物，具有利尿作用。

6. 啤酒中含有各种维生素

人体的许多重要功能都离不开维生素，由于人体只能部分合成所需的维生素，另一部分必须借助食物由外部摄入。目前，富含维生素的啤酒被誉为神经营养饮品，是因为啤酒中含有丰富的维生素。例如，一升啤酒大约含有 210mg 维生素和维生素类化合物，它可提供人体每日所需维生素 B_6 的 30%、维生素 B_2 的 20% 和烟酸（抗赖皮病维生素，美容功效）的 65%。啤酒从原料和酵母代谢中得到丰富的水溶性维生素，主要包括维生素 B_1、B_2、B_6、B_{12}、A、D、E、C、H，以及尼克酸、泛酸、叶酸、生物素等。

每升啤酒中含有硫胺素（VB_1）0.110～0.115mg、核黄素（VB_2）0.15～1.13mg、（VB_6）0.15～1.15mg、生物素（VB_8）0.013 mg、尼克酸（VB_3）7.87 mg、烟酰胺 5～20mg、泛酸（VB_5）0.15～1.12mg、生物素（VH）0.102mg、醇 50～60mg、胆碱 100～200mg、叶酸（VB_9）0.11～0.12mg。其中维生素 B_1 和泛酸的含量很低，而维生素 B_2（核黄素）含量很丰富，每升啤酒含有 0.3～1.3mg 的 B_2，占人体每日需要量的 6.9%。核黄素具有防止人体口唇炎、增进眼睛明亮以及刺激乳汁分泌的作用。维生素 B_6 是抗皮炎的因子，与磷酸酯形态的辅酶关系到氨基酸代谢。啤酒中含有丰富的水溶性维生素，哥伦布航海时代就曾船载啤酒供船员饮用，防止脚气病的发生。

总之，啤酒中的营养成分、生物活性成分、多种维生素与微量元素共同决定了的啤酒的营养保健功能，使啤酒不仅能“解体乏”，更能“松神经”，让人充满活力！

六、啤酒有哪些保健功能

1. 能防治心脑血管疾患

古人早有记载，酒仍“百药之长”，酒以治疾，具有散寒滞、消饮食、通经络、行血脉、温脾胃、养肌肤的功用，是入药的第一味。啤酒是以麦芽、酒花和酵母经生物工程酿制而成的低酒精度发酵酒，啤酒中含有乙醇以及麦芽、酒花和酵母代谢物所带来的多酚(类黄酮)、B族维生素、叶酸、阿魏酸、异葎草酮（啤酒苦味物质的来源）等多种生化物质，适量饮用啤酒，如每天饮用1～2瓶(640mL/瓶，酒精度3%～4% vol）啤酒，能促进人体血液循环，振奋精神，饮用啤酒之后，血液中出现几种酶，它们能使血液中的血纤维蛋白溶解活性上升。血纤维蛋白是血纤维蛋白原在凝血酶原作用下生成不溶性蛋白质，与血小板一同凝结血栓，成为脑溢血等疾病的成因，啤酒能使血液循环加快而防止血栓的形成。据美国、加拿大、以色列等大量医学、科学研究结果表明，啤酒增加了血液中有利健康的高密度脂蛋白（HDL－胆固醇）的含量，减少了不利健康的低密度脂蛋白（LDL－胆固醇)，从而减少因脂肪沉积而引发血管阻塞的风险，改善脂质代谢的效果，保护心脏的作用明显。研究显示，适度饮酒者比滴酒不沾的人，心脏病发作的风险降低了40%～60%；适度饮酒能有效地防止血栓的形成，预防缺血性脑中风，饮酒者得心肌梗死和其他心脏循环系统疾病的几率更低。可见，防治心脑血管疾患是啤酒对人体健康的一大贡献。

2. 能抗菌、抗癌、抗肿瘤

啤酒含有其主要原料麦芽和酒花带来的一种化学物质多酚，大麦中的多酚含量为0.1%～0.3%，酒花中的多酚含量为4%～10%，啤酒中的多酚含量≥150mg/L。多酚具有抗氧化的功能，能够捕获自由基。由于人体中的代谢产物超氧离子和氧自由基的积累会引发人类心血管疾病、癌症，加速人体的衰老，而多酚类物质却可以摧毁、破坏细胞膜的氧分子。多酚首先能去除氢氧根，然后是去除过氧化氢，最后是去除过氧化物。多酚中的黄腐酚是啤酒的一宝，它有抗菌、消炎、止痛和抗癌的作用，德国癌症研究中心的研究表明，多酚中的黄腐酚对预防乳腺癌、结肠癌、子宫癌和前列腺癌的作用更为明显，而且对癌变的不同阶段都有抑制作用，尤其在癌症初期，黄腐酚能够阻止导致癌细胞生长的酶发挥作用，并帮助人体消除其他致癌物质。人们对啤酒花的认识是从药用价值开始的，早在公元800年，德国南部的巴伐利亚州盛产酒花（又叫蛇麻花），他们在啤酒酿造中把酒花添加进去，使酒液清亮透明，增添了啤酒的香气和特有的苦味，又延长了保质期，从而发现酒花的抗菌功能，使啤酒业的发展迈上一个新台阶。啤酒中的多酚，尤其是黄腐酚的抗菌、抗癌、抗肿瘤功效，是对人体健康的又一大贡献。

3. 能增强认知能力，延缓智力减退

人的认知能力和智力会随着年龄的增长而有所减退，甚至出现认知能力的丧失，发生老年痴呆症。适量饮用啤酒，如每天1瓶（640mL），有利于促进血液和呼吸系统的循环，加速新陈代谢，改善大脑和全身的供血、供氧，令人头脑清醒，反应灵敏、感觉舒畅，使心脏和大脑正常运作。从而保护了大脑的认知能力，防止症状不明显的中风发生。

据美国的研究报告显示，中老年人每天饮用1杯（一标准杯为237mL）啤酒，可预防认知能力下降，与禁酒和酗酒者相比，患老年痴呆症的概率较低，哪怕从45岁才喝酒的人，也有同样的效果。对有神经衰弱的人可采用“啤酒疗法”，每日饭后半小时和睡前各饮啤酒300mL，30天为一疗程，疗效显著。特别是冬季饮用温啤酒，令人周身发热，祛寒解乏。中老年人最为适宜。

4. 能预防骨质疏松和关节炎

骨质疏松是中老年人的一种常见病，老年人最怕摔跤，一旦跌倒就有发生骨折的危险，这都是骨质疏松惹的祸。骨密度是衡量骨骼强壮与否的一个重要指标，研究显示，人自 30 岁开始，就开始有成钙因子流失而破钙因子增加的缓慢过程，钙的流失就是造成骨质疏松的元凶。啤酒含有大量的硅元素，对强健骨骼大有益处，而啤酒中的多酚物质则对骨骼起到保护的作用。因此适量饮用啤酒可预防骨质流失和重建骨量。美国的研究显示，每天饮用 1 ~ 2 杯啤酒者的骨密度大于不饮酒者，而每天饮用 2 杯以上烈酒（酒精含量≥40% vol）者的骨密度则低于不饮酒者。又据芬兰医学家的研究显示，停经后的妇女，每周饮 15 杯啤酒比完全不喝啤酒的妇女骨质流失的几率小。医学研究结果表明，饮酒对减少骨质流失的效果男女有别，男性效果较好，而女性似乎效果不太明显。科学家对此未作解释。

风湿性关节炎主要是由于患者自身免疫系统下降，导致关节肿胀发炎，严重的甚至会致残。由于啤酒对免疫系统具有抑制作用，从而可以缓解关节炎的症状。瑞典的医学研究表明，每周保持饮用 5 杯（或以上）啤酒的人，其患风湿性关节炎的风险比不喝酒或饮酒过量的人低 50%，尤其是那些风湿性关节炎遗传危险高的吸烟者，饮用适量啤酒能增强他们身体的免疫力。研究显示，这一作用只适用于出现早期关节炎症状的人，不主张关节炎老患者从现在就开始喝酒。饮酒并非多多益善，应该适可而止。

5. 缓解肌肉酸痛与减轻辐射危害

酒能解乏，人皆知之。啤酒更能解乏，有其科学依据。引起人体疲劳的重要因素是体力和体热的消耗，大量的体液损失会造成疲劳和机能下降，而啤酒是高营养、高热量饮料，所含酒精、糖类等都是高热量成分。同时，啤酒的主要成分是水，其含量达 90% 以上，且渗透压更接近于人体体液，能够迅速调节人体内的物质代谢平衡。所以饮用啤酒能使人及时恢复能力，消除疲劳。另外，人体在排汗时会失去大量的无机盐类，其中主要是钾。而啤酒中不仅含有较丰富的钾、钠、钙、镁等电解离子，而且钾的含量最高。啤酒中所含的酒精度很低，它能产生一种轻微的刺激，引起中枢神经适度的兴奋，使人感到舒适，能增进食欲，帮助消化。因此，啤酒消除疲劳、恢复体能的效果既快又好。

据西班牙的医学研究显示，运动后造成肌肉酸痛的原因在于运动中肌肉纤维进行了重要的氧化活动，而啤酒中的成分具有抗氧化的功能，所以喝啤酒可以缓解这一过程，消除肌肉疲劳。同时有专家指出，运动后不喝啤酒的人患心血管疾病的几率高于适量饮用啤酒的人。运动后喝啤酒，啤酒中的酒精和镇静成分的作用，都得到了吸收，有益于身体健康。

据意大利和美国的研究显示，每天喝一瓶啤酒（640mL）能提高运动效能，并有利于运动后恢复体液和能量。研究同时指出，啤酒中的矿物质是长跑运动员肌肉痉挛的理想预防剂。

据日本的医学研究结果显示，人体经由放射线照射后，会使体内基因受到一定的伤害，导致细胞染色体产生变异。啤酒中所含的“假尿嘧啶”“褪黑素”和“甜菜碱”等成分能在一定程度上减轻辐射对人体所产生的危害。在含酒精啤酒、无酒精啤酒和酒精之间进行比较后证实，无酒精啤酒对抑制染色体的变异毫无作用，酒精能起到一点作用，含有酒精的啤酒作用最大，可使变异的血液细胞染色体最多减少34%。这说明酒精和啤酒中的活性成分共同作用能减轻辐射的危害。

6. 能有效健胃、利尿与减肥

啤酒是以麦芽为主要原料，加酒花和酵母酿制而成的低酒精度发酵酒，啤酒中所含的少量酒精（3%～4% vol），多种氨基酸、维生素和多酚物质等，能兴奋胃功能，促进胃液分泌，提高人体的消化能力，以及增进血液循环，促进人体的新陈代谢等。

首先，啤酒成分能够被人体快速吸收，酒在体内约20%的酒精会很快被胃吸收进入血液，其余80%的酒精则被十二指肠和小肠吸收后进入血液，通过血液循环送到肝脏和其他人体组织中。人体摄入的酒精90%是在肝脏内被氧化代谢掉，约10%的酒精是从肾脏随尿液、从肺脏随呼吸，乃至从皮肤随汗液排出体外。

其次，啤酒中的酒精及来自酒花、麦芽中的单宁等成分能够促进胃液分泌。当人体摄入啤酒后，促进了胃幽门粘膜中胃液分泌激素的分泌，再加上二氧化碳的刺激，更加促进了胃液的分泌。啤酒中的酒精还通过胃液分泌激素作媒介，促进胃酸分泌和胃朊酶分泌，从而起到了增加食欲的作用。正常人体摄入360mL啤酒后，血液中促进胃分泌激素的浓度由60pg/mL提高到140pg/mL。

啤酒中的少量酒精（酒精度在3%～4%vol），能促使胃酸激素浓度上升，促进了胃酸的分泌，还促进胰脏分泌出胰蛋白酶。但研究表明，酒精浓度高（≥40%vol）的威士忌、白兰地等却未发现有刺激胃酸分泌的作用。据日本的研究显示，酒精浓度超过20%vol以上的酒有抑制胃酸分泌的作用，而低酒精度的啤酒则有强化胃酸分泌的效果，对促进人体消化和新陈代谢都大有裨益。

我国内蒙古金川保健啤酒是获国家多项专利授权并经国家卫生部审核批准的保健啤酒，经大量的医学、科学研究证明，啤酒中富含的硒、锶、锂等矿物元素，对减少胃粘膜损伤、健胃的功效显著。

啤酒的少量乙醇（酒精）和酒花中的苦味物质及啤酒酵母代谢产物的核酸诱导物等都有利尿的功效。饮用啤酒能改变血液和尿液中的电解质（镁、钾、钠、钙等离子），并导致排尿总量的增加，从而加大了盐分的排出量，同时钙、镁的析出能被抑制，可保持体内的钙、镁含量。可见，啤酒利尿有利于人体代谢废物的排除，有利于人体健康。研究显示，适量饮用啤酒有助于肾脏病和尿道结石的防治。

啤酒富含营养，又不含脂肪和胆固醇，啤酒中的苦涩成分异葎草酮有分解脂肪积聚的功能。啤酒中还含有少量的钠、钙和碳水化合物，啤酒中的二氧化碳（CO_2）会使人产生一种饱胀感。所以，啤酒有减肥和控制体型变胖的效果。民间流传一种说法，认为喝啤酒会导致“啤酒肚（又称将军肚）”的产生，因而对饮用啤酒存在疑虑。现代医学、科学研究表明，“啤酒肚”是由人的遗传基因决定的，与啤酒无关。殊不见，有些啤酒爱好者，天天“咕噜咕噜”地啤酒下肚，也不见肚子隆起来，身材一样苗条。而一些滴酒不沾的人，却是大腹便便，挺起“啤酒肚”，为什么呢？是人的遗传基因作怪，不是啤酒的过错。不过，话又得说回来，“啤酒肚”的出现，还与人的生活习惯有关，有些白领阶层人士，在办公室久坐不动，在家里往沙发一坐，眼睛盯着电视，嘴里吃着花生、坚果、炸薯条之类的高脂肪、高蛋白食物，平时又疏于运动；还有些人尤其是应酬多的人，爱吃鱼、肉等高营养食品，少吃果蔬，营养不均衡，脂肪过剩，特别是男性脂肪多积聚于腹部，久而久之，“啤酒肚”便应运而生。而女性的脂肪则多在臀部堆积。由此可见，“啤酒肚”的问题，其实是一种误传与误解，啤酒对于减肥有功，何来“啤酒肚”之过，“啤酒肚”的形成与啤酒是无关的，这不是啤酒的过错。

7. 安神与缓解精神紧张

啤酒是添加酒花酿造的，酒花成分中所含的蛇麻酮有镇静神经的作用，有入睡、安眠的效果，所以睡前适量喝点啤酒可使人容易入睡，且睡得更好。在西方国家，已将啤酒列为安神饮品之一。啤酒中的少量乙醇（3%～4% vol）和酒花成分能促进人体的血液循环和新陈代谢，刺激消化系统，特别是刺激人体的神经系统，使人不仅感觉身体放松，而且能够舒缓精神压力和精神的紧张程度，使人感觉身心舒畅，精神放松。研究表明，啤酒对缓解老年人的自卑感和孤独感也有帮助。又据国外报道，由于酒花有安神、镇静和刺激神经系统的作用，德国人用酒花制作沐浴液，对不眠病、神经过敏、肌肉粗糙以及斑点有特殊功效。日本人用酒花作枕头填充料，也有催眠的效果。

8. 消暑解渴与清热解毒

啤酒的主要成分是水，其含量超过90%，啤酒又是除香槟外含气（CO_2）的酒种，而且营养丰富，含有乙醇、糖类、蛋白质和多种维生素、矿物质等能源物质，还含有啤酒花的多酚和苦味物质，在酷暑炎夏喝啤酒，既能快速补充人体需要的水分，又能补充营养和钾、钠、镁等电解质，还有抗菌解毒的效果，所以，啤酒是补充水分和能源的理想饮品。正因为啤酒有消暑解渴和清热解毒的功效，香港人给了啤酒一个“番鬼佬（指外国人）凉茶”的外号，认为“番鬼佬”喜吃煎、炸、烧、烤之类的“上火”食物，不饮凉茶而喝啤酒，也不见得“上火”和脸上长“痘痘”，这应归功于啤酒的功劳。

啤酒既解渴又解乏，成为夏日人们的首选饮品，从统计数据看，我国每年夏天的6～9月是啤酒消费的高峰期，这4个月的销量接近全年消费量的一半。另外，夏天饮用啤酒时，人们一般是饮用冰箱冷冻过的冻啤酒，温度一般在4～10℃。按人体体温36℃来算：一次饮用一瓶温度为10℃的啤酒（640mL），可中和人体热量约69kJ，对于70kg的人来说，相当于体温降低约0.24℃，人体自然感觉“自内向外”的凉爽，特别是当人体感到非常热的情况下饮用一瓶啤酒立即会感到非常的清凉舒畅，这是任何其他酒类所无法比拟的。这就是夏天人们喜欢饮用啤酒，特别是冻啤酒的原因。据报道，夏天气温每上升1℃，德国的啤酒销量就增加370万瓶。据说日本东京一小偷，夜入民宅行窃，得手后打开冰箱，见有冷藏啤酒就不顾三七二十一地喝起啤酒来，结果被警察逮住。啤酒受欢迎的程度可见一斑。

9. 延缓衰老与老人增寿

啤酒从原料麦芽和酒花中得到的多酚和类黄酮，在酿造过程中形成的还原酮和类黑精、酵母分泌的谷胱甘肽等都是清除氧自由基积累最好的还原物质，特别是多酚中的酚酸、香草酸和阿魏酸，可以使对人体有益的胆固醇，即高密度脂蛋白（HDL）免遭氧化，从而防止心血管疾病的发生。啤酒酵母的代谢产物谷胱甘肽可消除人体的氧自由基，因谷胱甘肽具有活性巯基（—SH），是经医学验证有延缓衰老功能的物质。因此，啤酒具有抗衰老、延年益寿的作用。据美国的研究报告显示，适度饮酒、不吸烟、多吃水果蔬菜、经常锻炼，有此习惯者，起码可以延寿 14 年，其原因是，有此 4 种良好的生活习惯者，能够预防或减缓心血管疾病、癌症以及呼吸道疾病等的发生，而这些疾病正是导致人死亡的主要原因。据研究，每天适量饮酒约 20g 的男性的寿命比不饮酒者长 5 年，其中有 2 年要归功于喝酒这一习惯，另外 3 年要归功于喝某种特定的酒类。又据澳大利亚的研究结果，女性只要平均每次饮酒不超过 20g（相当于 2 罐易拉罐啤酒），一天内不超过 40g（4 罐啤酒），一周内有一天或二天不饮酒，就属于适量的范围。啤酒对女性的健康和延长寿命是有贡献的。

10. 其他保健功能

人饮用啤酒后，会诱发催乳激素的分泌，受啤酒刺激所生成的催乳激素，女性比男性多。催乳激素是从脑下垂体前叶细胞分泌出的生长激素，它主要与乳腺发达、乳汁分泌有关，这是女性饮用啤酒的好处，催乳激素还有刺激性腺促进子宫分泌孕（甾）酮黄酮体的功能；催乳激素也是对卵巢或副肾上的雄激素的调节因子之一。这些激素的分泌会显示出女性的婀娜多姿、青春美丽。

啤酒还具有美容保健的功能，用一定浓度的啤酒进行洗脸或洗澡，啤酒中所含的少量酒精、氨基酸、维生素等物质能够促进血液的循环和新陈代谢而增强皮肤活力，达到营养肌肤、美容护肤的效果。同时，啤酒还含有抗氧化和去除自由基的活性成分，能促进人体血液运行和新陈代谢，可减少鱼尾纹的产生，延缓皮肤衰老，具有美容作用。

酒花是啤酒的重要原料，具有独特的芳香和苦涩味，酒花味苦、辛香、性凉，有健胃消食、镇静安神、清热利尿、解虚热的功效。对于胆结石、肾脏以及尿道结石，采用饮用啤酒的治疗方法（能喝啤酒的患者），已有取得成功的案例。啤酒还对体弱，提高肝脏解毒机能、高血压、血液不畅及便秘等都有一定的作用，对于老年病的治疗有一定的疗效。

据加拿大的医学研究表明，啤酒中的抗氧化剂对保护眼睛有作用，每天喝一瓶啤酒，可以抵抗随年龄增长带来的氧化衰老，对预防心脏病和白内障有益处。因抗氧化剂可以摧毁、破坏细胞膜的氧分子和过氧化物分子，从而保护人体的眼睛。

据香港的医学研究显示，健康男士每周饮用 1 ～ 7 罐啤酒，阳痿风险可减少 27%，但多喝成效不佳。若每周饮用 8 罐或以上啤酒，则阳痿风险只减少 15%。医学研究证实，适量饮用啤酒能够降低阳痿的风险。但研究显示，饮酒对阳痿风险没有即时的效果，更不能说明饮酒能治疗阳痿。据报道，英国二位少女，每晚睡前饮用 1 罐啤酒，二个月后发现体重没有变化而胸围增大了，认为啤酒有丰胸的作用。

七、喝啤酒要注意什么问题

啤酒营养又保健，尤其在炎炎的夏日，一杯啤酒下肚，解渴又消暑，那种清凉的感受实在妙不可言。话又得说回来，啤酒好喝，也有一些问题要值得注意，切不可大意。

1. 妥善放置，以防碰撞

啤酒通常要放在冰箱的冷藏室（不能置于冷冻室），不要放在地上或小孩能拿到的地方。因啤酒是含气（二氧化碳）的酒种，瓶内有 2 ～3kg/cm^2 的压力，一旦受到外力的撞击，瓶内气压会迅速上升，有爆瓶的隐患。此类事故屡有发生。

2. 文明开瓶

啤酒含有气（CO_2），有一定的压力，开瓶之前不要将酒瓶摇晃或倒置观察，以免瓶内压力上升而发生意外，开瓶要用起子，切不可用牙咬或其他暴力方式开瓶，避免受损害。

3. 不要过量

“适量饮酒养身，过量饮酒伤身”，这是一个人人都必须遵守的原则。喝酒是福是祸，就看两个字——“适量”，啤酒是低酒精度的饮料酒，喝多了也会醉酒，切不可在亲友面前斗酒、斗气、讲义气、争颜面，以致自不量力，一醉方休，于己于人都是有害无益。古语中的“酒逢知己千杯少”，这个“千杯”是万万要不得的。怎样才能算是适量呢？就啤酒而言，每日饮酒不超过 2 瓶（640mL/瓶，酒精度 3%～4% vol）算是适量的，至于白酒、红酒、黄酒、洋酒等酒精度较高的酒种，则要控制每人每日的酒精摄入量不超过 35 ～40g 为宜。当然，酒量因人而异，不胜酒力者，喝酒要“低调”，不能不自量力。还有一点要指出的是，人体代谢酒精的能力男女有别，女性乙醇（酒精）代谢能力只有男性的85%，因此在同等情况下，女性饮酒量要比男性少些。

4．不可酒驾

社会经济的发展与进步，汽车已成为人们出行的重要交通工具，由于酒精和啤酒中的酒花成分，有安神和镇静作用，产生昏昏欲睡的感觉，所以，酒后驾车易造成交通事故，造成人员的伤亡和财产的损失。政府的法律、法规规定，人体血液的酒精浓度为20mg/100mL为酒驾，血液中的酒精浓度为80mg/100mL则为醉驾，易造成交通事故，属违规、违法行为，酒驾是造成饮酒伤害的主要方面，饮酒者应当严格自律。同时，为了安全，酒后不能做高空作业之类有危险性的作业。

5．啤酒配菜有讲究

一般而言，喝红酒（指红葡萄酒）吃红肉（指猪、牛、羊肉），喝白葡萄酒吃海鲜，认为这种搭配更能品味葡萄酒的品质与风味。其实，啤酒的配菜也有讲究，因啤酒有健胃、消滞、助消化的功能，使人胃口大开，这就要注意不要过多地摄食高脂肪、高蛋白的鱼和肉等，多吃些蔬菜，以免脂肪过剩而积聚于体内，致体型有所改变。喝啤酒吃花生米也是一个不错的选择。特别要提醒的一点是，啤酒不宜与咸鱼、腊肠和熏烤类食品同吃，因为此类食物含有亚硝酸盐，进入人体后会产生致癌物质亚硝胺。

6．解酒要讲科学

民间有一种说法，认为浓茶可以解酒。这又是一个误传与误解，因酒精进入人体之后，对神经系统有兴奋作用，使心跳加速、血管扩张，加速血液流动，当人感觉醉酒时，这种兴奋作用会加剧为一种不良刺激。而茶叶含有茶碱，是属生物碱的一类，同样对人体有兴奋神经的作用，这对醉酒者来说，更加重了心脏的负担，无异于火上浇油，不堪重负。而且醉酒后喝浓茶，茶叶中的茶碱会迅速通过肾脏产生强烈的利尿作用，使人体的酒精会在尚未被分解为二氧化碳和水时，过早地进入肾脏，对人体健康不利。那么，解酒有何妙招？一般来说，如果多喝了几杯，感觉有醉意，可喝些热菜汤或果汁，据称，姜丝炖鱼汤效果更佳，吃些水果、甜点也有加快乙醇（酒精）分解代谢的作用，起到解酒的效果。至于市售的一些解酒、醒酒之类的药物或饮品，是否能增强肝脏分解酒精的功能，还有待考证，对此应当慎用。

7. 不要混酒饮用

啤酒是含气（CO_2）的低酒精度（3%～4% vol）发酵酒，如与高酒精度的白酒、洋酒（酒精度≥40% vol）等混合喝，因啤酒中的二氧化碳和少量酒精能刺激胃粘膜而加速酒精的吸收，容易使人产生“上头”和醉酒的感觉，因此，啤酒宜单独饮用，不宜与其他酒混着喝。韩国的人均酒精摄入量荣登亚洲榜首，时兴一种称为“深水炸弹”的饮法，即将小杯烧酒置于大杯啤酒中一饮而尽，这种饮法是不值得提倡的。

8. 不要用啤酒服药

因啤酒中含有少量酒精，有可能与药物发生化学反应而产生副作用，影响药物的分解和吸收，影响药物的疗效，尤其是对抗生素、降压药、镇静剂等会有一定的影响，服药要用温开水，每次服药的饮水量不要少于150mL。

八、啤酒的历史文化是怎样的

任何从古至今能够流传的产品，必定有其深刻的历史文化内涵。啤酒有5000多年的历史，今天仍旧畅销流行于世，其文化内涵到底如何？

1. 什么是古代啤酒

凡是用发芽谷物（主要指大麦）通过酵母菌发酵生产的饮料，都叫做古代啤酒。古代啤酒又称为麦酒，主要生产原料是大麦。其实，古代啤酒、麦酒的叫法，都是现代人的概念。现代人根据酿酒的原料、生产工艺特点等，习惯叫它古代啤酒。据中国发酵酒专家朱梅、秦含章等老前辈的考证：公元8世纪以前，埃及叫它“惹提模（Zythum）”，法国人的祖先古哥尔人叫它“塞尔吴瓦士（Cervoies）”。欧洲从中世纪开始，德国人叫这种饮料为“bier”，法国人叫“biere”，英国人叫“beer”，根据英文、德文、法文的头两个字母的发音，一百多年前，中国人创造了一个“啤”字。

图8-1　古埃及酿酒图

古代啤酒和现代啤酒有何区别？古代啤酒有一些甜味，含少量酒精、二氧化碳和其他营养物质。古代啤酒最初是不添加其他香味剂的，后来，人们为了获得好的口感，加入生姜、香樟、薰衣草之类的香料植物调味。古代啤酒具备和现代啤酒基本相似的特征，所不同的是现代啤酒添加了啤酒花，有澄清麦汁和杀菌防腐的作用，赋予啤酒愉快的香味和苦味，统一和强化了啤酒的口感。啤酒花是非常好的中药材，有开胃健脾的功效。德国人公元8世纪开始用蛇麻花作香料，其后，蛇麻花便叫“啤酒花”。由于啤酒花的加入，增加了啤酒的保健功能。添加啤酒花是古代啤酒和现代啤酒的分水岭，关于啤酒花的作用，在本书后面的章节中还要详细论述。

2. 啤酒是谁发明的

万物有由来，啤酒的由来久矣。啤酒的历史可以追溯到遥远的石器时代。究竟是何人最早酿造了古代啤酒？这个问题无疑困扰着历史学家和考古学家。在诸多起源说中，普遍为人们接受的说法有以下两种。

美国宾夕法尼亚大学人类学家卡兹认为，原始啤酒诞生在公元前8000年左右的新石器时代。卡兹提出了原始啤酒诞生过程的设想：某些游牧部落的原始人偶然发现，将野生的大麦、小麦浸泡在水里，会变成黏糊状。如果置于露天的空气中，它不会腐烂变质，空气中的酵母菌使它自然发酵，颜色逐渐加深，产生泡沫，喝过这种饮料的人感觉不错。为了酿造这种饮料，最终促使各个部落聚居起来，大量收割野生谷物，有意识地保留种子，尝试人工播种栽培。原始啤酒的诞生促进了人类从游牧社会向农耕社会的转变。这就是古代啤酒起源的“卡兹”说。

啤酒起源的另一种说法是：一次偶然的事件成就了古代啤酒。远古时代，在一群游牧民的住地，收藏了很多野生的大麦，可能是一场突然发生的暴雨，由于不小心，收藏谷物的地坑中漏进了雨水，经过一段时间，里面贮藏的谷物发芽了。人们用发芽的谷物碾碎后加水，不经意间存放了一段时间。由于发芽谷物中淀粉酶的作用，产生了一部分麦芽糖，天然酵母无孔不入，随即发酵变成了一种带有甜味和泡沫的可口饮料。有人出于好奇心，冒险品尝了这种液体，感觉味道还不错，古代啤酒就这样诞生了。第一个勇敢尝试这种液体的人，可以说就是古代啤酒的发现者，或者说是啤酒的发明者。

3. 古代啤酒最早出现在哪里

根据目前掌握的资料表明，啤酒最早起源于西亚。在地中海和波斯湾之间，幼发拉底河和底格里斯河交汇后注入波斯湾，进入阿拉伯海（图 8－2）。两河流域的交汇处有大片的平原——著名的美索不达米亚平原，是世界文明最早的发源地，是人类文明的摇篮。古代啤酒的起源时间可以追溯到 1 万年之前的新石器时代。

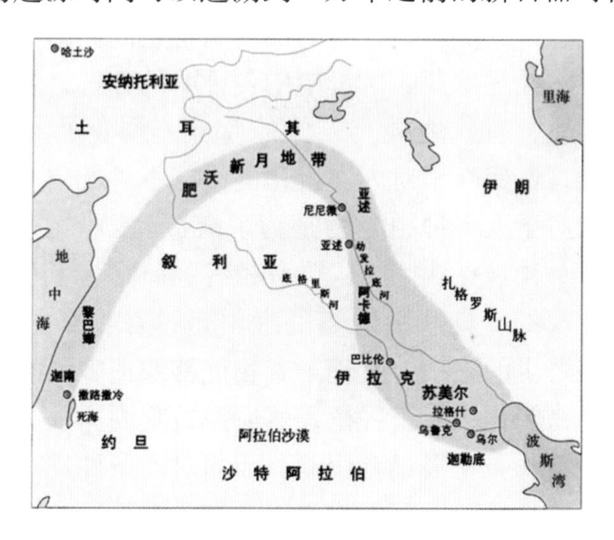

图 8－2　古代中东两河流域地图

大约在 9000 年前的新石器晚期，苏美尔人依靠两河流域的先天优势，放弃了居无定所的游牧生活，最早进入到农耕社会。他们种植大麦、小麦等谷物，驯养鸡鸭牛羊等禽畜。苏美尔人用发芽谷物酿造饮料，用水浸泡大麦放入陶坛，埋入地下，使大麦发芽再将其晒干，将发芽大麦磨碎制成面包，淀粉酶将淀粉转化成麦芽糖。然后将面包捏碎加水取其汁放入陶罐，天然酵母进入发酵，制成酒精饮料。苏美尔人经常进行部落战争，每当苏美尔人打了胜仗的时候，他们都要饮用这种饮料庆祝，这就是早期的啤酒。

最初，苏美尔人酿造这种饮料是为了祭祀神灵。当然，最多饮用啤酒的是祭师们。鉴于当时的科学水平，对于能使啤酒发酵的酵母菌充满神秘感和几分敬畏。人们认为啤酒是上天的恩赐和神灵的庇佑。因此，每次举行祭祀活动，都要献上最好的啤酒，祈求风调雨顺，百姓平安。

苏美尔人发明啤酒酿造技术，是对人类文明的重要贡献。我们知道，火的发明使人类改变了过去茹毛饮血的历史。古人将猎获的动物，经过火的烧烤，促进了人类对蛋白质的吸收，便于摄取更多的营养，加速了人类的进化。啤酒的发明也是同样的道理。碳水化合物为主的谷物经过发芽、酵母中中各种酶的分解，变成更易消化吸收的营养物质，有效地补充人体的营养，改变了人类的食物结构。不言而喻，古代啤酒对人类进化的影响不可低估。

考古学家对于人类种植谷物是为了酿造啤酒，还是为了吃饭，争论不休。有一种观点认为，人类种植谷物就是为了酿造啤酒，而吃饭是之后发现的。持这种观点的理由是，谷物驯化前都是野生的，古人收获野生的谷物，发现了谷物能够酿造啤酒的奥秘，因而大量将野生谷物驯化，人工种植，然后酿造啤酒。

由于谷物不脱壳是很难食用的，而当时的条件进行谷物脱粒和脱壳都是相当困难的。发芽谷物碾碎酿制成啤酒，减少了脱粒和脱壳两个步骤，加工成饮料相对简单。后来，谷物产量增加，工具改进，大规模脱粒脱壳成为可能，才有蒸煮米饭的出现。

图 8－3　泥板文书图片

几乎与图 8－3 所示的泥板文书出现的同一时期，还有一幅浮雕，生动地再现了公元前 3000 年时，苏美尔人酿造啤酒的场景。该浮雕现存于法国巴黎卢浮宫。

4. 中国有古代啤酒吗

中国有古代啤酒吗？是的，中国有古代啤酒。人类文明的发展有许多相似之处，如各民族都曾经历过石器时代；玛雅文化、苏美尔文明、古埃及文明、中华文明都有象形文字；中华民族的先人同样也酿造过古代啤酒——醴酒。我们的祖先很早以前就利用谷物发芽酿造含有酒精的饮料——醴酒。醴酒的酿造历史一直延续到汉代、三国、南北朝，后来逐渐被曲酒代替。

中国用谷物发芽酿造醴酒和苏美尔人用麦芽做啤酒差不多同时出现于新石器时代。啤酒的基本特征是用发芽后的谷物作为原料酿造。啤酒中添加酒花，人工培养酵母菌是后来才有的。一般来说，含淀粉的原料都可以用来酿酒，问题是采用何种工艺酿造。啤酒是采用发芽的谷物酿造的，发芽的谷物既是糖化剂，本身又是酿酒原料。

“醴”和“酒”是中国最古老的文字甲骨文中同时出现的两个字。周朝的著作《尚书·说命篇》中有“若作酒醴，尔惟曲蘖”。意思是说用曲酿酒，用蘖作醴。而所谓“蘖”，就是发芽谷物。这两种古代饮料都是用谷物为原料，所不同的是生产的工艺不同，醴是用发芽谷物为原料，因发芽谷物本身含有糖化酶，能将淀粉转化为糖，直接供酵母菌发酵。而酒的原料是谷物淀粉，本身不含糖化酶，只能另外添加曲霉菌，利用曲霉菌产生的糖化酶将淀粉糖化，提供给酵母菌发酵，产生酒精和二氧化碳。醴的口感淡薄，而曲酒的酒精度高，口感浓烈，于是，我们的祖先最终选择了曲酒。

现代酿酒专家朱宝镛先生提出，我国用发芽谷物酿酒，和两河流域用麦芽做啤酒同时出现于新石器时代，彼此之间是否有联系，暂时无从考证。对这个既有趣又有科学研究价值的问题，还需要时间才能得到充分的证明。酒类品种和酿酒技术的变迁，从一个侧面反映不同民族之间的相互交往和融合。酿酒起源这一问题的考察，应当放到更为宽广的历史和地理环境中来研究。

许慎著的《说文解字注》一书中，对“醴”字有详细的注解：“醴酒一宿孰也，……如今恬（甜）酒矣。”金文“醴”字是从酉、从豊，酉是酒的意思，豊同礼，古时是祭祀之意，醴即是以酒祭祀天地、先人。时间是每年的 10 月份左右，即秋天酿酒，这是古人酿酒的经验总结。

古典文献资料关于醴酒的论述很多，并对后来失传的原因也做了详细的论述。明朝人张岱撰写的《夜航船》一书中介绍：“黄帝始作醴，夷狄作酒醪，杜康作秫酒，周公作酎、三重酒。”表明醴酒始于黄帝，距今约有五千年之久。明末科学家宋应星所著《天工开物》记述：“古来曲造酒，蘖造醴，后来厌其味薄，遂至失传，则并蘖法亦亡。”

5. “贾湖古酒”是啤酒吗

“贾湖城”啤酒是美国厂家根据考古学家提供的配方复制生产的中国古代啤酒。商标上有醒目的文字说明：“有 9000 年历史的贾湖古酿是世界上被证实的最古老的酒精饮料。美国实验室通过对中国考古学家在黄河流域贾湖村发现的陶器上的古酒残留进行最先进的微量分析和研究，角头鲨工艺啤酒厂结合‘新石器时代’特征的灵感，得以再现贾湖古酿。贾湖古酿是我们的祖先打开的一扇通向世界的窗口。”（图 8 –4）这段文字正是“贾湖城”啤酒背标上的原文。

图 8 –4　贾湖城古酒

“贾湖城”啤酒这种饮料究竟是怎么回事？中国的古代啤酒为何在美国的厂家生产？

2004 年，美国宾夕法尼亚大学考古学教授帕特里克·麦克戈文来到河南并参与贾湖遗址的研究工作。他在贾湖遗址出土的 16 块古代陶器碎片上发现了部分陶器碎片上含有酒精饮料沉淀物。此后，麦克戈文利用化学分析和光谱分析对这些陶器碎片上的酒精饮料沉淀物进行了认真仔细的研究，结果化验出了蜜糖、山楂、葡萄以及大米等成分。这个发现将人类酿酒的历史起源由 5000 年前上推至 9000 年前。这一事实充分证明，早在新石器时代早期，黄河流域的古代先民就已经饮用发酵酒精饮料，也就是西亚两河流域苏美尔、巴比伦、古埃及几千年前的古代啤酒。这一事实完全改写了教科书上啤酒起源于西亚、北非的历史，并将酿酒历史推进至

9000年前。

麦克戈文将他破解出的中国古酒配方交给了美国特拉华州的“角鲨头”酿酒厂，该厂工艺技术人员结合新石器时代特征的灵感，成功酿制出“贾湖城”啤酒，使其成为“按正宗古法酿制”的现代啤酒。“贾湖城”啤酒最奇特的是既甜又辣的独特味道，喝过令人唇齿留香。“贾湖城”啤酒在美国申请了专利和商标，并于2007年7月正式上市销售，酒精度为8%，每瓶容量750毫升。“贾湖城”啤酒的售价每瓶高达12美元，而美国市场上知名品牌“百威”啤酒，每瓶仅售1美元多。事实证明，品尝9000年前的古酒，对消费者具有巨大的吸引力。“贾湖城”啤酒的口感和现代啤酒差别很大，有些人可能并不完全认同，但消费者愿意高价购买，为的是追寻人类9000年前的古老历史。试想，闻听贾湖骨笛的远古回音、品尝贾湖古酒的香醇美味，9000年前的新石器时代离我们并不遥远，这是多么的神奇和不可思议！

为什么用“贾湖城”为啤酒命名？美国啤酒厂家说基于两个原因：其一是为了表示对古酒最初发掘地的尊重；其二是为了提醒人们，这是一种源自中国河南漯河市贾湖村的古老啤酒。

“贾湖城”啤酒选用大米、蜂蜜、葡萄和山楂作为原料，以现代化酿造工艺酿制而成。角鲨头酿酒厂在纽约举办了“贾湖城”啤酒品尝会，据说评价很高，反响不俗。在美国介绍啤酒的网站“Beer－Advocate”中，“贾湖城”啤酒获得86分的高分，被评为“值得推荐”的饮料。

“贾湖城”啤酒包装由美国著名艺术家麦柯森佛设计，风格前卫而又性感，充满了浓郁的东方情调。商标四角镶满了富有中国传统特色的“回”纹花边，画面中央则是一名手持酒杯的裸背东方美女，裸背下部有一醒目的汉字——“酒”字，美女左边，则是一行英文“Jiahu Chateau”，文献资料和媒体均译成“贾湖城”。笔者认为译“贾湖城”不妥，应该是“贾湖村”比较适合，众所周知，9000年前的新石器时代早期还没有“城”的概念，真正的

“城”的出现要比其晚两三千年，新石器时代的贾湖不过是华夏先民聚居的“部落”或“村落”而已。

6. 啤酒花是什么

自 14 世纪起，添加蛇麻花的啤酒逐渐盛行于德国南部一带，因为在那里蛇麻花是随处可见的植物。此植物原产于我国的新疆和秦岭地区，中文名蛇麻花，属藤蔓攀爬植物，因植株尖部弯曲向上翘首，形似蛇头，故叫蛇麻花，是一味开胃健脾的中草药，后来由传教士带回欧洲种植成功。

有人提出，是不是因为添加了啤酒花，才叫啤酒的呢？回答是否定的。公元 736 年，巴伐利亚的一个文献中首次提到蛇麻花。也有资料提到，公元 786 年，德国南部的酿酒师最早将蛇麻花作为啤酒的调味剂、防腐剂。正是由于蛇麻花加入到啤酒中起到了调味和防腐的良好效果，后来人们便将蛇麻花称为“啤酒花”，即先有啤酒，后才有啤酒花。

公元 8 世纪，德国南部与瑞士、法国交界处，有一个叫博登湖的内陆湖，此处最早种植蛇麻花，并用于啤酒酿造。有一幅挂图就是博登湖畔——泰特楠酒花种植园（图 8－5），这里出产闻名于世的泰特楠捷啤酒花。1079 年，女修道院院长霍利·希尔德加德撰写的一份文献中，有在啤酒中加入蛇麻花的记载。另一位尼僧——希尔德卢加特（1098—1179 年），相当于我国南宋时期，他也明确提到啤酒中必须添加蛇麻花酿造。还有资料提到，博登湖畔的修道院酿酒作坊最早用蛇麻花酿造啤酒是否就是这位高僧，目前还没有找到相应的资料。不过，可以肯定，德国南部的酿酒师最早使用蛇麻花酿造啤酒。后来，欧洲各国开始仿效。

啤酒花对啤酒的酿造有很大影响，酿造啤酒添加酒花意义十分重大。酒花的主要成分有 α－酸和 β－酸、酒花油和多酚等物质。不仅有杀菌防腐和澄清麦汁的能力，同时赋予啤酒以特殊的香味和愉快的苦味。

图8－5　泰特楠酒花种植园

7. “啤酒纯度法”有何意义

1516年德国巴伐利亚国王德克·威廉四世颁布“啤酒纯酿法”：规定只能用麦芽、酒花和水三种原料来酿造啤酒。后来酿酒师发现啤酒泡沫和啤酒沉淀物能够帮助啤酒发酵，当时还不知道是酵母。1551年，补充的这种物质（啤酒酵母）也是酿造啤酒必不可少的第四种原料，这是世界最古老的食品法。之前，各个地区酿酒原料和添加的香料五花八门，啤酒质量也千差万别，甚至对消费者造成伤害。

从纽伦堡市政厅1290年的正式记录里看到，当时德国的许多地方必须使用大麦酿造啤酒，禁止使用燕麦、小麦和黑麦。而英国人正相反，最喜欢小麦啤酒。从这一点可以看出，1516年巴伐利亚颁布“啤酒纯酿法”并非偶然，许多地方早已有了类似的规定（图8－6、图8－7），统一原料并规定添加啤酒花酿造啤酒是现代

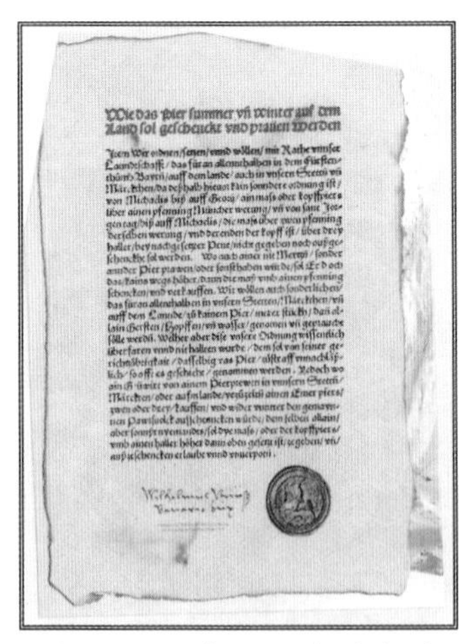

图 8－6　啤酒纯度法文本

图 8－7　啤酒纯度法新版

啤酒和古代啤酒的分水岭。从此，啤酒有了统一的口感和质量标准。

8. 啤酒酵母是如何发现的

大约到 16 世纪的时候，聪明的德国巴伐利亚酿酒师发现，将啤酒沉淀物用于下一次发酵，啤酒酿造容易获得成功。人们开始意识到啤酒沉淀物和啤酒发酵有某种相互关系，从而逐步揭示出啤酒发酵的真正原因。

真正了解到啤酒酵母的功臣是显微镜的发明者——荷兰人列文·虎克。1680 年，这位缝纫店的学徒列文·虎克制作了显微镜片，发现了啤酒中存在着球形的微小物体——酵母。可惜，他的发现并未引起科学界的重视，重大发现与科学真理擦肩而过。又过了将近 200 年之后，人们才认识到“酵母”的存在和作用，从而揭示出啤酒的发酵原理。

1837 年，德国科学家卡涅尔用显微镜发现了长芽的酵母菌（图 8－8），于是认定这些小精灵是活的生物体。他的研究证明，没有活生生的酵母菌，即使有蛇麻草和麦芽汁也不可能酿造出啤酒

图 8－8　啤酒酵母放大图

来。卡涅尔由此得出结论：“一定是酵母菌的生命把麦芽汁变为酒精。”然而，非常遗憾的是，当时的科技界也没有予以重视，卡涅尔的发现被束之高阁，无人理睬。直到 19 世纪 60 年代，法国科学家路易·巴斯德重复了卡涅尔的实验，得出了相同的结论。

巴斯德的发现问世后，当时的学术界形成了两种完全对立的观点：一种是德国化学家利比西为首的“化学反应论”。这一种观点认为，发酵是酵母死亡时，随后产生的物质在起催化作用。糖转化为酒精必须有蛋白，蛋白带着糖一起分解成酒精。他认为糖变成酒精与酵母毫不相干；另一种是法国微生物学家巴斯德为代表的“酵母发酵论”。巴斯德通过大量的科学实验证明，发酵是活酵母的作用，是活酵母在生长过程中把糖转化成酒精。

9. 啤酒收藏文化

啤酒在长期的发展历程中，尤其是随着近代啤酒业日新月异的发展与进步，形成了丰富多彩的啤酒收藏文化。啤酒收藏文化受到了世界各地啤酒爱好者和收藏家的青睐和追捧，主要有收藏啤酒商标、啤酒瓶、啤酒杯、啤酒瓶盖、啤酒启子、啤酒杯垫、啤酒广告等等。

在所有啤酒文化的收藏中，啤酒商标最受关注。因此，有必要特别介绍啤酒商标的发展历史。商标的出现始于 18 世纪中叶，公元 1756 年，葡萄酒率先使用黑白纸标签。商标又称标签，在德语中“标签”一词又是“礼节”的意思，最初是指记录宫廷中繁文缛节的文件。

19世纪的欧洲，随着工业革命的浪潮，啤酒产量日益增长，酿造商逐渐认识到需要为他们的产品作出标记。据史料记载，1843年英国柏登农特一家啤酒公司印制过一种圆形的小商标，贴在瓶口加以区别。1844年，一个叫Pabst的德国酿酒师将他的酿酒坊从欧洲中部的莱茵河畔迁到美国威斯康新州，酿造出了在美国广受欢迎的啤酒，因为他们习惯在酒樽和酒桶上系一条蓝色的绸带，后来，美国人将这种啤酒称为“蓝带”，蓝带啤酒由此得名。图8－9所示为蓝带啤酒商标。

图8－9　蓝带啤酒商标

随着海外贸易的迅速增长，贴有商标的啤酒已大量出口，现在英国爱丁堡的威廉扬格啤酒厂就收藏有那个时期贴有商标的空啤酒瓶。圆形标是比较早的一种，而现在多采用长方形和椭圆形。而根据目前统计来看，啤标形状有圆形、椭圆形、梨形、矩形、正方形、盾形、桶形、三角形、菱形、八角形、六角形、平行四边形、马鞍形、月牙形和面包形15种，而这些基本形状又派生出更多的其他变化。图8－10所示为欧洲各种啤酒商标。

由于啤酒商的竞争，假冒问题也随之而来。为保证利益不受侵害，西欧一些国家最早实施商标法。1890年英国巴斯公司为确保红三角商标的所有权，竟派一名雇员在登记所台阶等了一夜，红三角商标成为英国商标法案保护下第1枚商标。那时英国的商标图案性不强，一般印有酿造厂名称和品牌名，因此英国被认为是啤酒标签的起源国。

图 8－10　欧洲啤酒商标

啤酒商标有着丰富的地域文化内涵，这是由于啤酒的特性而定的。如世界上啤酒厂最多的德国啤标很注重传统，而且多数标注创建年代，设计高贵典雅。

每个国家的啤标设计都有不同特点，但他们的共同点就是广告，起到介绍、宣传和美化啤酒作用，因此设计者尽可能地在方寸之间融洽了当地的风土人情、历史典故等等，使之成为丰富的知识宝库、成为酒文化的重要内容。如在啤标中不仅有法国大革命期间的长裤汉、英国的诺曼底登陆等历史的记载，而且还可以欣赏德国哥特式建筑、日本的富士山、澳洲的大草原、中国的长城等名胜古迹，更可以看到虎啸、鸡鸣等活泼可爱的动物图案，真是美不胜收。正是由于这些丰富的内容使啤标具有极高的收藏价值，引起了收藏者的关注，一跃而成为世界四大平面收藏品之一（图 8－11、图 8－12）。

图 8－11　德国啤酒商标

图 8－12　天坛啤酒商标

除了啤酒商标可以收藏外，还有啤酒瓶、啤酒启子（图 8－13）、啤酒杯垫（图 8－14）等等。

图 8－13　各式各样的啤酒启子

图 8－14　啤酒杯垫

10. 丰富多彩的啤酒节

许多国家和地区都有啤酒节，中国也不例外，青岛和大连的啤酒节也越来越具规模。而德国慕尼黑啤酒节，又称“十月节”，是慕尼黑的一个传统民间节日，可谓举世闻名（图 8－15）。“十月节”每年 9 月末到 10 月初在德国的慕尼黑举行，活动时间为 16 天，到 10 月的第一个星期天为止。每年大约有 600 万人参加，是慕尼黑一年中最盛大的活动。节日期间主要的饮料是啤酒，平均消耗量达到 600 千升，中国人习惯称之为“慕尼黑啤酒节”。

图 8－15　盛大的慕尼黑啤酒节

为了接待参加活动的市民和来自各国旅游的客人，慕尼黑的各大啤酒厂在节前就在特蕾泽大广场上搭起巨大的啤酒大棚。德语里称为“Bierzelten”的啤酒大棚，比一般的帐篷要大且装修豪华，每个帐篷里放有长条木桌和粗糙板凳。啤酒大棚设置有一个临时舞台，由乐队演奏欢乐的民间乐曲。大棚一般可容纳三四千人，最大的有 7000 个座位。每一个啤酒大棚只提供本厂酿造的啤酒，为了突出自己的与众不同，每个啤酒厂都努力把自己的啤酒大棚修建得富有特色而又舒适气派。啤酒大棚外部都有本厂的标志，装修也是标新立异，然而内部基本上是一个格局，可以坐 20 人的长条木桌椅排排摆开，会场中心是被鲜花和灯光装扮一新的高高的表演舞台，棚顶装饰着巨幅的绸缎和编织的花环，有的啤酒大棚还设有两层，楼上是“雅座”。热闹的时候，啤酒棚里人山人海，中心舞台上演奏的音乐响彻云霄，气氛异常热烈高涨。“十月节”期间，大棚里都由身穿巴伐利亚民族服装的女服务员给顾客送酒，这些女服务员虽然看上去都很苗条，但却力大无比，双手可拿 10 只装满 1 升啤酒的大玻璃杯（图 8－16），一般男士也望尘莫及。

图 8－16　拿着啤酒杯的女服务员

每年的啤酒节除了传统的马车巡游（图 8－17）以外，还要安排一些新鲜的节目或游乐项目，另外，各种游乐设施之间也举办许多有意义的展览会。大棚之间还点缀了小马戏团、杂耍铺、魔术表演等等，无数各具特色的小店把整个游乐场装点得生动活泼，游客可在这里买到纪念品和各种特色的小点心。参与游戏的游客，也有机会赢得各种可爱的玩具。夜色降临，五光十色的美丽彩灯把啤酒节变成了流光溢彩的不夜城。游客络绎不绝，各个小店生意兴隆，啤酒棚里奏着欢快的音乐。各种肤色、各种语言的游人在尽情干杯，享受良宵美景。

图 8－17　马车巡游是啤酒节的传统节目

慕尼黑“十月节”的由来要从 19 世纪初的巴伐利亚国王说起。公元 1810 年 10 月 12 日，巴伐利亚公国的王储路德维希与萨克森王国的特蕾泽·夏洛特·露易丝公主举行盛大的婚礼。为了表示国王对其臣民的恩典，在这两天的庆祝活动中，在慕尼黑有 4 个地方向全体平民免费供应饭菜和饮料。为了纪念这个节日，国王用新娘特蕾泽的名字命名这个草坪，从那时起，就叫“特蕾泽”草坪，直至如今，以后每年举办一次庆典，这就是“十月节”的由来。

慕尼黑是位于欧洲中部的国际大都市，拥有大量的剧场、博物馆，还有露天啤酒店。从 1951 年开始，慕尼黑国际饮料及液体食品技术博览会每四年举办一次，一般都是在啤酒节前开幕，博览会闭幕和啤酒节开幕首尾相接。期间国外游客有机会感受慕尼黑啤酒节的别样氛围。

近 30 年来，中国啤酒工业迅速发展，啤酒产量十多年来全球居首，我国青岛、哈尔滨、大连、广州等许多城市每年也都举办啤酒节，规模越来越大。我国的啤酒节一般都是夏秋举行，如青岛啤酒节（图 8－18）在每年的 8 月中旬第一个星期六开幕，为期 16 天，在国内外具有相当大的影响力，是亚洲最大的啤酒盛会。

图 8－18　青岛国际啤酒节

11．中外啤酒博物馆

在世界发展历史的悠悠长河中，啤酒是一颗闪亮的星星，它是人类智慧的结晶，也是世界文明的象征。啤酒何以长盛不衰、历久弥新，而且能够迅速发展，其魅力何在？奥妙何在？在世界各地的啤酒博物馆中，人们一定能够得到满意的答案。

在欧洲，到处是大大小小的啤酒工厂和星罗棋布的酒吧，大街小巷啤酒飘香，可以毫不夸张地说，整个欧洲就像一座硕大的啤酒博物馆。

欧洲许多啤酒生产厂家有几百年甚至上千年的悠久积淀，一个厂就是一本书，就是一个博物馆。特别是在德国，啤酒博物馆到处皆是（8－19）。啤酒博物馆通过文字、图片、模型、实物和影像，让游客全面了解啤酒的起源和发展历史以及品牌的历史沿革，了解啤酒的原材料、酿造工艺、啤酒的营养价值和功用；感受丰富多彩的啤酒文化。啤酒博物馆对于普及啤酒知识，弘扬啤酒历史文化起到巨大的推动作用。

图8－19　德国啤酒博物馆内景

中国啤酒工业历史不长，但发展迅速，特别是近30年来，啤酒业突飞猛进，中国已经成为世界第一啤酒生产大国。与此相关的啤酒文化的宣传和普及也迅速开展，中国啤酒业的百年老店——青岛啤酒厂于2001年建设青岛啤酒博物馆（图8－20）。该馆融合东西方文化，突出了历史性、国际性、文化性、娱乐性和参与性，将青岛啤酒所蕴涵的深厚企业文化沿着时空的脉络展示出来，具有“世界视野、民族特色、穿透历史、融汇生活”的特点。建成后的博物馆，展出面积为6000多平方米，分为百年历史和文化、生产工艺、多功能区三个参观游览区域。游客可以通过图文资料，了解啤酒的神秘起源、青啤的悠久历史和光辉灿烂的发展前景。

图8－20　青岛啤酒博物馆外景

为了弘扬丰富多彩的啤酒文化，展示珠啤集团的时代风采，继青岛啤酒博物馆之后，珠啤集团与比利时英博啤酒集团投入6800万元合作兴建珠江—英博国际啤酒博物馆，于2009年5月正式建成开馆（图8－21）。博物馆占地面积约8000平方米，首层包括多功能展厅、纪念品商店、休闲酒吧、绿化庭园和世界展馆；二层布

图 8-21　珠江—英博国际啤酒博物馆外景

置有：珠啤馆、未来馆及综合展示馆；三层为管理办公场所，同时设有贵宾接待室与全景会议室。特色酒吧直接供应生产工艺一线最新鲜的啤酒。以啤酒博物馆为起点，通过参观走廊延伸至珠啤整个厂区，参观整齐雄伟的发酵罐群、快速穿梭的灌装线和整洁美观的厂容厂貌，展示珠江啤酒朝气蓬勃的风采。

几乎同一时期，燕京啤酒（桂林漓泉）啤酒股份有限公司投入巨资建设了啤酒文化展览馆，于 2010 年 5 月建成开馆（图 8-22）。

图 8-22　燕京啤酒（桂林漓泉）啤酒公司啤酒文化展览馆

该项目分为“全生态酿造的典范”“强强联手　再造辉煌”“啤酒历史文化”和“中国啤酒业的崛起”等四个馆。

燕京啤酒（桂林漓泉）股份有限公司通过大量的文字、图片、模型和实物展品等，在展览馆生动形象地展示啤酒文化和企业形象，取得了良好的社会效益和经济效益。桂林作为全国知名旅游城市，燕京桂林漓泉啤酒的工业旅游也为桂林市旅游业注入了新的活力，每天参观的游客络绎不绝。

随着中国啤酒业的不断发展，啤酒企业越来越重视啤酒文化的推广和宣传。相信在不久的将来，还会有更多的啤酒博物馆和啤酒文化展览馆出现。

九、啤酒的发展前景如何

1. 世界啤酒持续增长

自从远古时代生活于亚述（今伊拉克）的苏美尔人发明啤酒以来，距今已有五千多年的历史，随着时间的推移、科技的进步和贸易的发展，啤酒产业已遍及全球172个国家和地区。1970年7月在墨西哥召开的世界营养学会上已将啤酒确认为营养食品，啤酒受到人们的追捧与喜爱。至1986年世界啤酒产量已超过1亿千升，达1.01亿千升，2000年已达1.39亿千升，2012年上升至1.97亿千升，比上年增长2.1%。世界啤酒产量平均年增长率为2%~3%，其中2006年和2007年的增长率超过5%，达到5.3%和5.7%（1976—2012年世界啤酒产量见表9-1所示）。

表9-1 世界啤酒产量（1976—2012年）

年份	10亿升	增长（%）	年份	10亿升	增长（%）
1976	83	2.9	1995	124	2.4
1977	85	2.8	1996	127	2.4
1978	87	2.9	1997	131	2.8
1979	91	4.1	1998	133	1.4
1980	93	2.6	1999	137	3.2
1981	95	2.0	2000	139	1.7
1982	97	1.6	2001	142	2.0
1983	97	0.2	2002	144	1.5
1984	97	-0.4	2003	148	2.7
1985	98	1.4	2004	154	3.8

续表 9－1

年份	10 亿升	增长（%）	年份	10 亿升	增长（%）
1986	101	3. 6	2005	161	4. 6
1987	105	3. 2	2006	169	5. 3
1988	109	3. 8	2007	179	5. 7
1989	111	2. 0	2008	180	0. 7
1990	114	1. 5	2009	182	0. 8
1991	116	2. 0	2010	186	2. 2
1992	118	1. 7	2011	193	3. 7
1993	119	1. 2	2012	197	2. 1
1994	122	2. 0	2013	197. 3	0. 15

世界啤酒消费中，亚洲和欧洲占全球消费总量的一半以上，自2008 年以来亚洲销量稳居全球之首，欧洲屈居第 2 位（各地区2012 年啤酒消费量见表 9－2 所示）。

表 9－2　世界各地区 2012 年啤酒消费量

地区	万千升	折合大玻璃瓶（百万只）	比上年增长（%）	占比（%）
亚洲	6211. 5	98 128	0. 5	33. 2
欧洲	5230. 1	82 624	－0. 5	27. 9
北美洲	2648. 8	41 843	1. 3	14. 1
中南美洲	3142. 2	49 640	2. 5	16. 8
非洲	1136. 2	17 950	5. 9	6. 1
中东	143. 8	2269	11. 4	0. 8
大洋洲	224. 5	3546	－2. 6	1. 2
世界总计	18736. 8	296 000	1. 0	100. 0

欧洲人对啤酒情有独钟，很早以前就跟啤酒结下了不解之缘，啤酒已成为人们生活中不可或缺的一部分。2012 年全球年人均啤酒消费量最多的前 10 个国家中，有 7 个是欧洲国家。据世界卫生组织的报告，世界年人均酒精消费量最多的前 10 名的国家都是欧洲国家（2012 年人均啤酒消费量排在前 35 名的国家见表 9－3 所示，世界 25 大啤酒消费国见表 9－4 所示）。

表 9－3　人均啤酒消费量排在前 35 位的国家

名次		国家	人均消费量	折合大玻璃瓶（只）	比上年增加（瓶）	总消费量（万千升）
2012 年	2011 年					
1	1	捷克	128.6	234.8	2.8	190.5
2	2	奥地利	107.8	170.3	－0.5	91.2
3	3	德国	106.1	167.6	－2.4	863.0
4	5	爱沙尼亚	102.4	161.8	4.4	13.0
5	6	波兰	98.5	155.8	7.7	379.0
6	4	爱尔兰	98.3	155.3	－4.4	46.0
7	9	克罗地亚	85.9	135.7	2.1	39.0
8	11	委内瑞拉	85.5	135.1	3.9	240.0
9	7	芬兰	84.2	133.0	－11.5	44.0
10	14	罗马尼亚	83.2	131.4	8.8	182.0
11	8	澳大利亚	83.1	131.3	－5.1	183.0
12	12	巴拿马	82.3	130.0	6.2	29.0
13	10	斯洛文尼亚	80.1	126.5	－6.6	16.0
14	15	美国	77.1	121.8	0.8	2418.6
15	19	保加利亚	76.8	121.3	7.7	54.0
16	16	荷兰	75.7	119.6	0.8	127.0

续表 9－3

名次		国家	人均消费量	折合大玻璃瓶（只）	比上年增加（瓶）	总消费量（万千升）
2012 年	2011 年					
17	17	俄罗斯	74. 1	117. 1	－1. 1	1056. 0
18	13	比利时	74. 0	116. 9	－6. 3	82. 3
19	18	立陶宛	72. 5	114. 5	－2. 4	26. 0
20	21	匈牙利	71. 3	112. 6	1. 7	71. 0
21	23	斯洛伐克	70. 3	111. 1	0. 6	39. 0
22	20	英国	68. 5	108. 2	－4. 9	431. 9
23	22	西班牙	68. 4	108. 1	－2. 8	322. 0
24	27	巴西	68. 3	107. 9	2. 5	1280. 0
25	26	加拿大	66. 9	105. 7	－0. 5	231. 0
26	25	拉脱维亚	66. 2	104. 6	－5. 2	15. 0
27	24	新西兰	64. 7	102. 2	－8. 2	28. 0
28	33	安哥拉	64. 2	101. 4	10. 4	118. 0
29	28	丹麦	62. 1	98. 1	－6. 3	34. 0
30	29	乌克兰	61. 6	97. 8	－1. 4	276. 0
31	30	南非	61. 1	96. 8	1. 9	298. 0
32	31	墨西哥	59. 96	94. 6	0. 8	689. 0
33	32	瑞士	58. 3	92. 1	－0. 9	46. 0
34	34	波黑	56. 1	88. 6	2. 5	22. 0
35	35	瑞典	52. 7	83. 3	1. 3	48. 0

表9－4　25大啤酒消费国

名次		国　家	2012年			2011年	
2012年	2011年		万千升	占比(%)	增长(%)	万千升	占比(%)
1	1	中国	4901.5	24.9	3.1	4898.8	24.1
2	2	美国	2418.6	12.9	1.4	2386.1	12.9
3	4	巴西	1280.0	6.8	1.5	1260.8	6.8
4	3	俄罗斯	1058.0	5.6	－0.9	1068.0	5.7
5	5	德国	863.0	4.6	－1.8	877.0	4.7
6	6	墨西哥	689.0	3.7	－1.0	675.0	3.8
7	7	日本	554.7	3.0	－1.0	560.3	3.0
8	8	英国	431.9	2.3	－3.7	448.5	2.4
9	9	波兰	379.0	2.0	5.3	360.0	1.9
10	10	西班牙	322.0	1.7	－1.8	328.0	1.8
11	13	越南	305.0	1.6	8.9	280.0	1.5
12	11	南非	298.0	1.6	1.4	294.05	1.6
13	12	乌克兰	278.0	1.5	－2.1	282.0	1.5
14	14	委内瑞拉	240.0	1.3	4.8	229.0	1.2
15	15	加拿大	230.0	1.2	0.4	229.0	1.2
16	18	哥伦比亚	217.0	1.2	2.8	211.0	1.1
17	22	印度	208.0	1.1	12.4	185.0	1.0
18	17	韩国	207.0	1.1	1.5	204.0	1.1
19	19	尼日利亚	200.0	1.1	2.8	195.0	1.1
20	16	法国	194.0	1.0	－1.5	197.0	1.1
21	20	捷克	190.0	1.0	1.1	188.5	1.0

续表 9－4

名次		国　家	2012 年			2011 年	
2012 年	2011 年		万千升	占比(%)	增长(%)	万千升	占比(%)
22	26	泰国	189.0	1.0	13.2	167.0	0.9
23	23	阿根廷	187.0	1.0	2.7	182.0	1.0
24	21	澳大利亚	183.0	1.0	－2.7	188.0	1.0
25	25	罗马尼亚	182.0	1.0	7.1	170.0	0.9

2. 中国啤酒快速发展

啤酒在我国的历史不算长，从第一家啤酒厂即哈尔滨啤酒厂于1900 年建厂至今，只有 110 多年的历史。1903 年在青岛建起了第二家啤酒厂，此后在北京、广州等地也陆续有新厂建成，但规模都很小，不成气候。旧中国经济落后，民不聊生，食不果腹，百姓不知啤酒为何物，与啤酒无缘。至 1949 年全国啤酒产量只有区区的 7000 吨，1950 年为 1 万吨。新中国成立后，百业待兴，难以将啤酒提上议事日程，期间发展缓慢也不足为奇。至 1978 年，全国啤酒产量也不过是 47 万吨，至 1980 年增至 68.8 万吨，按当时的人口计算，年人均啤酒消费量只有一瓶（640mL）啤酒。

改革开放的春风推进了我国啤酒业的发展与进步，自 20 世纪 80 年代以来，随着我国社会经济的快速发展和人民生活的不断改善，兴起了啤酒发展的热潮，祖国大地新建啤酒厂如雨后春笋拔地而起，至 20 世纪 90 年代末期，全国建起了 913 家啤酒厂，1990 年全国啤酒产量已上升至 692.2 万吨，与 1980 年相比，10 年间产量增长了 10 倍多。1992 年我国啤酒首次突破千万吨大关，达 1021.0 万吨，1993 年啤酒产量再创新高，以 1225 万吨的产量超过德国而挤身全球第二位的位置。全国啤酒产销量节节攀升，啤酒生产进入了发展的快车道。进入 21 世纪，至 2000 年全国啤酒产量已超过 2000 万吨大关，达 2204.9 万吨，两年后的 2002 年，我国啤酒以

2386.83 万吨的产量超过美国而一举夺得世界啤酒产量第一位的桂冠（当年美国啤酒产量为 2345.8 万吨）。2013 年我国啤酒已跃升至 5061.5 万千升（国家统计局数据），已接近欧洲啤酒产量的总和（5230.1 万千升），占全球啤酒产量的 1/4。而排名第二的美国 2012 年的啤酒产量仍然停留在 2418.6 万千升的水平（啤酒的容量与重量之比为 1∶1.01，1 千升啤酒为 1.01 吨）。我国已将排名第二的美国远远甩在后头，我国啤酒产量稳坐头把交椅，无人能撼动。我国从一个名不见经传的啤酒小国，一跃成为产量冠全球的啤酒大国，啤酒为我国争得了荣耀。中国啤酒产量见表 9－5 所示，2013 年全国啤酒产量 20 万千升以上的啤酒企业见表 9－6 所示，2013 年全国各省（市、区）啤酒产量见表 9－7 所示。

表 9－5　中国啤酒产量（1990—2013 年）

年别	产量（万千升）	增长（%）	占世界比例（%）	世界排名
1990	692.2	7.2	5.9	3
1991	838.0	25.3	7.4	3
1992	1021.0	21.8	8.7	3
1993	1225.0	20.0	10.3	2
1994	1410.0	15.1	11.6	2
1995	1535.7	8.9	12.4	2
1996	1682.0	9.5	13.2	2
1997	1865.2	10.9	14.2	2
1998	1694.0	－9.2	13.3	2
1999	2073.9	22.4	15.1	2
2000	2204.9	6.3	15.8	2
2001	2246.8	1.9	15.8	2

续表 9－5

年别	产量（万千升）	增长（%）	占世界比例（%）	世界排名
2002	2386. 8	4. 4	16. 3	1
2003	2546. 4	8. 5	17. 2	1
2004	2775. 7	9. 0	18. 1	1
2005	3064. 6	10. 4	19. 1	1
2006	3454. 9	12. 7	20. 7	1
2007	3890. 7	12. 6	21. 7	1
2008	3958. 9	1. 8	22. 0	1
2009	4217. 3	6. 5	23. 2	1
2010	4425. 3	4. 9	23. 8	1
2011	4898. 8	10. 7	25. 4	1
2012	4902. 0	0. 1	24. 9	1
2013	5061. 5	3. 3	25. 65	1

表 9－6　2013 年全国啤酒产量 20 万千升以上的啤酒企业

序号	省市区	企业名称	2013 年产量（万千升）
1	北京市	华润雪花啤酒（中国）有限公司	1170. 97
2	山东省	青岛啤酒集团有限公司	783. 27
3	上海市	百威英博投资（中国）有限公司	655. 23
4	北京市	北京燕京啤酒集团公司	571. 23
5	广东省	广州嘉士伯咨询管理有限公司	263. 71
6	河南省	河南金星啤酒集团有限公司	195. 11
7	广东省	广州珠江啤酒集团有限公司	112. 44
8	吉林省	四平金士百纯生啤酒股份有限公司	48. 53

续表 9－6

序号	省市区	企业名称	2013 年产量（万千升）
9	上海市	三得利啤酒（中国）投资有限公司	45.43
10	河北省	蓝贝酒业集团有限公司	41.78
11	云南省	云南澜沧江酒业集团有限公司	39.90
12	重庆市	重庆啤酒（集团）有限责任公司	34.44
13	江苏省	江苏大富豪酿酒科技发展有限公司	22.55

注：全国 20 万千升以上的啤酒企业总产量 3984.61 万千升，占全国总产量 5061.5 万千升（国家统计局数据）的 78.72%。

表 9－7　2013 年全国各省（市、区）啤酒产量

地区	产量（万千升）	增长（%）
全国总计	5061.54	4.59
北京市	168.27	1.27
天津市	26.17	－3.58
河北省	156.62	0.23
山西省	43.68	7.10
内蒙古自治区	109.94	5.42
辽宁省	271.97	2.97
吉林省	148.62	7.17
黑龙江省	218.94	4.69
上海市	49.24	－17.24
江苏省	219.95	1.18
浙江省	289.44	5.81
安徽省	163.64	5.07
福建省	200.01	1.98

续表 9－7

地区	产量（万千升）	增长（%）
江西省	124.43	8.26
山东省	685.84	3.26
河南省	427.88	3.28
湖北省	254.69	8.54
湖南省	78.74	－6.48
广东省	480.79	0.33
广西壮族自治区	185.11	9.36
海南省	7.68	－12.25
重庆市	82.71	7.08
四川省	238.27	21.46
贵州省	55.00	36.82
云南省	95.95	7.85
西藏自治区	17.29	－1.34
陕西省	102.18	0.09
甘肃省	68.18	7.94
青海省	11.61	14.72
宁夏回族自治区	25.90	68.45
新疆维吾尔自治区	52.78	5.25

资料来源：国家统计局。

3. 中国啤酒的发展前景

在改革开放方针的指引下，30 多年来，我国啤酒产业取得了令人瞩目的发展，让国外同行望尘莫及。今后的发展趋势如何，是人们颇为关注的问题。我们在总结啤酒发展的历史和借鉴国内外发展经验的基础上，可以从以下三个方面看出它的发展趋势。

首先是人口。我国拥有全球最大的近 14 亿人口，这就意味着我国拥有庞大的啤酒消费群体，如以世界卫生组织公布的数据来看，全世界平均经常饮酒的人数占人口总数的 38.4% 计算，我国的酒民就有 5.4 亿之众。我国能在短期内实现产量冠全球，当中的原因之一就是人多，销量大。巨大的市场潜力隐藏着巨大的发展商机，有市场需求就有产业的发展，从市场角度看，这是推进我国啤酒发展的一个有利因素。

其次是人均消费水平。目前，世界啤酒的年人均消费量为 29 升，有 4 个国家的啤酒年人均消费量超过 100 升，这 4 个国家都是欧洲国家，捷克排在全球之首，年人均消费量为 128.6 升，奥地利次之，为 107.8 升，德国居第三位，为 106.1 升，有“啤酒之乡”美称的慕尼黑，以啤酒豪饮闻名于世，年人均消费量达 178 升，堪称海量。年人均消费量排在前 35 位的主要是欧洲和北美国家，澳大利亚和巴西、安哥拉、南非也在其中，但亚洲国家一个都没有。我国啤酒的年人均消费量为 32.7 升，属中低水平，与发达国家和中等发达国家相比，还有相当的距离，只要我国的啤酒年人均消费量增加 1 升，啤酒产量就增长 100 多万千升。我国啤酒的年人均消费量上升至 46 ~ 47 升时，全国啤酒将达到 7000 万千升的产量，业内人士预计，届时我国啤酒市场将基本处于相对饱和的状态。

再次是经济发展。历史的经验证明，哪个国家和地区的经济发展了，人民生活水平就有提升，就会提高啤酒的市场销量，促进啤酒产业的发展，啤酒的人均消费量较高的多集中于欧洲和北美国家就是一个例证。从我国的情况看，旧中国贫穷落后，啤酒业一蹶不振，改革开放前的近 30 年间，啤酒业也没有多少建树，在改革开放方针的指引下我国东部和沿海地区，经济蓬勃发展，啤酒业也呈现一派繁荣的景象，产销量几乎占据全国酒业的半壁江山。我们也看到，中西部地区经济迅速发展后，同样加快了啤酒业发展的步伐。我们深信，我国经济将一直保持较高水平的发展态势，这将拉动啤酒产业的发展。

综合以上三点来看，我国啤酒产业有着巨大的市场发展空间，在可以预见的将来，将呈现稳中有升的发展态势。

十、为友谊与健康干杯！准备好了吗

当今社会，科技进步日新月异。随着社会的进步、经济的发展和人民生活的改善，人们对食品、饮料的消费观念和消费需求也在发生变化，讲究营养、卫生、方便、保健，提倡天然食品，崇尚回归大自然。啤酒源远流长，它的足迹遍及全球，是长盛不衰的国际饮料。人们不禁要问，啤酒为什么能成为国际饮料，又能长盛不衰呢？它究竟有何魅力能如此神通？让我们看看啤酒与白酒、红酒（葡萄酒）、黄酒、洋酒（白兰地、威士忌）等酒种的比较，有何特点和优势，它的奥秘就可以一目了然了。

首先，啤酒营养丰富。啤酒是以麦芽为主要原料，加酒花和酵母经生物工程酿制而成的、含有二氧化碳（CO_2）的、起泡的、低酒精度的发酵酒。啤酒中含有丰富的营养成分，包括乙醇、糖类物质和蛋白质类物质等能源物质，可迅速提供人体需要的能源，使人恢复体力；啤酒中的氨基酸、蛋白质、核酸、维生素等物质是人体组成成分和新陈代谢的主要物质，能够满足人体对多种营养素的需要。正因为如此，有“液体面包”美称的啤酒，已被世界营养学家公认为“营养食品”（1970 年 7 月 1 日）。

其次，啤酒对人体有多种保健功能。啤酒是白酒、洋酒、红酒、黄酒等众多酒种中唯一添加酒花酿造的酒液，酒花是有很高药用价值的植物，人们对它的认识和应用也是从药用价值开始的。酒花中的多酚、类黄酮、黄腐酚、葎草酮、异葎草酮等成分，以及麦芽和酵母代谢而来的物质，经医学、科学验证，对人体防治心脑血管疾患、预防骨质疏松和关节炎、增强认知能力和减少老年痴呆、消除肌肉酸痛、抗菌、抗癌、抗肿瘤，还有安神、开胃、减肥等有良好的保健功能，而且有不少保健功能是其他酒种所没有的，这也是啤酒有别于其他酒种的重要标志之一。

再次，啤酒是低酒精度酒液，酒精度为 3%～4% vol，白酒和洋酒的酒精含量在40% vol以上，红酒（葡萄酒）为11%～13% vol，黄酒也在10% vol以上，由此可见，啤酒是各酒种中酒精含量最低的一种，是介乎酒与饮料之间的一种饮品。酒对人体是“适量养身，过量伤身”，相对于其他酒种，在酒精摄入限量的范围内，多饮无妨。正因为啤酒只含很少量的酒精，因而对“养身”十分有益。

还有，啤酒可消暑解渴。啤酒是除香槟之外含气（二氧化碳）的酒种，啤酒中的气体（CO_2），开瓶（罐）后倒入杯中，冒出洁白细腻、挂杯持久（不少于180秒）的泡沫，一串串的小气泡往上升，给人视觉以美的享受；啤酒还有清爽、杀口、舒适的口感，令人心旷神怡。

最后是啤酒文化。啤酒除在家自斟自饮之外，大凡亲朋好友聚会、节日喜庆和重大社会活动，如球赛等，都少不了啤酒助兴。经常说，无酒不成宴，宴席当然也少不了啤酒。喝啤酒是一种文化、一种享受，也是一种友谊与激情，已成为人们生活的时尚追求。

啤酒是一种天然健康的饮品，与人们推崇的消费观念和消费需求相吻合，它带给我们的是友谊与健康，让我们共同举杯，为友谊与健康干杯！

参 考 文 献

［1］郭营新，周世水. 啤酒与健康［M］. 广州：华南理工大学出版社，2010.
［2］周茂辉. 啤酒之河［M］. 北京：中国轻工业出版社，2007.